遥感图像军事判读基础

主编　刘志刚

编者　刘志刚　牛　超　黎恒明

U0202612

西北工业大学出版社

西安

【内容简介】 本书分为两篇:上篇为基础篇,分别从图像判读的概念、研究内容、历史、遥感侦察基础、遥感图像成像原理、人眼视觉与判读观察方法、图像判读特征及应用等方面较系统地归纳总结了遥感图像军事判读的基础知识;下篇为实践篇,先以飞机、机场、船只和港口等常见目标的可见光图像判读为例,对其主要的组成、分类及相应的判读特征进行归纳,然后针对常见民用目标的识别,给出了大量的图像及解译标志,以帮助读者在看图、识图中积累判读经验。

本书收集了大量的可见光目标图像判读实例,既可作为目标图像判读专业学生学习的基础教材,也可作为遥感地物识别与遥感图像解译专业人员的技术参考资料。

图书在版编目(CIP)数据

遥感图像军事判读基础/刘志刚主编 . —西安:
西北工业大学出版社,2019.8(2021.12 重印)
ISBN 978 - 7 - 5612 - 6551 - 2

Ⅰ.①遥… Ⅱ.①刘… Ⅲ.①遥感图像-判读-教材
Ⅳ.①TP753

中国版本图书馆 CIP 数据核字(2019)第 181155 号

Yaogan Tuxiang Junshi Pandu Jichu
遥感图像军事判读基础

责任编辑:蒋民昌		**策划编辑:**蒋民昌	
责任校对:张　潼		**装帧设计:**董晓伟	

出版发行:西北工业大学出版社

电　　话:(029)88491757,88493844

网　　址:www. nwpup. com

印 刷 者:陕西向阳印务有限公司

开　　本:787 mm×1 092 mm　　1/16

印　　张:12.25

字　　数:302 千字

版　　次:2019 年 8 月第 1 版　　2021 年 12 月第 2 次印刷

定　　价:39.00 元

前　言

自摄影术诞生以来,从空中获取敌方的照片就一直是最受青睐的情报侦察方式。飞机发明以后,航空照相侦察迅速在两次世界大战中得到了大量的应用,成为所有情报来源中最重要的方式。人造地球卫星诞生之后,航天侦察迅速成为跨越国界获取军事情报的利器。在过去的几十年里,航天成像侦察技术得到了飞速发展:先是用传输型取代了返回式,然后是工作波段越来越宽、空间分辨率越来越高、波谱分辨率越来越高、重访时间越来越短、卫星体积越来越小、卫星成本越来越低、数据传输能力越来越强、高分辨率商业遥感卫星越来越多……。未来几年,近地球轨道上还将增加上百颗商用遥感卫星,每天产生的遥感数据将爆炸性激增。

获得图像是一回事,能够将图像加以利用则是另一回事。人类对遥感数据的处理与利用能力虽然取得了很大的进步,但至今还没有实现真正的突破,与高速发展的图像获取能力极不匹配,其瓶颈则在于图像判读。

图像判读是指通过研究图像,识别各种目标,并推断其意义的工作。图像判读的过程非常复杂,它是人类视觉和人类智能的完美结合。专业的判读人员往往在一瞬间将各种看似无关的信息加以综合,同时反复进行"猜测—推理—证伪",很快就给出非常准确的结论,而这个过程至今仍无法被机器视觉和人工智能所取代。

在遥感领域,很多科技人员将目光聚焦于遥感图像计算机处理与分析技术上,而对人工目标判读过程,即如何迅速提取图像的特征(如形状、大小、色调、阴影、位置、活动、数量、标记等),并将其与多种非遥感信息资料、经验与规律(如复杂目标的工作流程)相结合,进行由此及彼、由表及里、去粗取精、去伪存真的综合分析和逻辑推理的思维过程的研究却重视不够。不得不承认,人工目视判读在综合利用影像要素或特征方面的能力要远远高于现有的计算机算法。机器判读最终取代人工判读是大势所趋,也是人类追逐的目标之一,但人们对人工图像判读过程更深入的学习和研究无疑是实现这一目标的有力推手。

本书试图围绕遥感图像军事判读这一主题,在尽可能全面地归纳总结军事目标判读所涉及的知识的基础上,以典型运动目标和典型固定目标的判读为例,介绍目标图像判读的基本方法和思维过程。全书分为上、下篇:上篇(1~4章)为基础篇,介绍了图像判读的概念、研究内容、历史、遥感侦察基础、遥感图像成像原理、人眼视觉与判读观察方法、图像判读特征及应用等基础知识;下篇(5~9章)为实践篇,其中第5~8章分别以飞机、机场、船只和港口等常见军事目标的可见光图像判读为例,对其主要的组成、分类及相应的判读特征进行归纳,第9章针对常见民用目标的识别,给出了大量的图像及同类目标的判读依据(解译标志),以帮助读者在看图、识图中积累判读经验。

本书收集了大量的可见光目标图像判读实例,既可作为目标图像判读专业的入门教材,也可作为遥感地物识别与遥感图像解译专业人员的参考读物。

因篇幅所限，本书介绍的内容主要针对可见光遥感图像的判读，对红外图像、雷达图像和高光谱图像的判读，将另文叙述。书中引用的所有图像，均来自国际互联网，对其作者表示衷心感谢！

本书由刘志刚主编，前言、第1章至第6章由刘志刚编写，第7章、第8章由牛超编写，第9章由黎恒明编写。在编写过程中，曾参考大量有关著作，在此，对其作者表示感谢。因篇幅所限，文中只列出主要参考文献，请予以谅解。

由于时间仓促和笔者水平有限，书中不可避免还有大量不足之处，欢迎读者不吝指正。

编　者

2018 年 12 月

目　录

上篇　基础篇

下篇　实践篇

上篇　基础篇

　　本篇以介绍图像判读的基础知识为主,内容包括图像判读的概念、研究内容和发展历程,遥感侦察的基础知识,遥感成像的基本原理,人眼视觉特性,判读的观察方法,图像判读的特征及运用等。

第1章 图像判读概述

1.1 引 子

2004 年 5 月 11 日,欧洲空间局(ESA,European Space Agency)网站首页以"从太空看万里长城"为题,发布了一张"普罗巴"(PROBA)卫星于 2004 年 3 月 25 日过境时获取的高分辨率卫星图像(见图 1-1)。图像的文字说明指出,该图右上方一条蜿蜒曲折的细线条是延伸7 240 km 的长城。图左下方一条色调很明亮的宽线状影像为长达 1 500 km 的大运河。与此同时,该公告还认为,如果天气、光照等条件合适,宇航员可以用肉眼看到长城,并引用了美国宇航员尤金·塞尔南 2004 年 2 月访问新加坡时说的话,"在高度为 160～320 km 的地球轨道上确实能用肉眼看到长城"。公告刊出后仅隔 1 天,美国宇航局(NASA,National Aeronautics and Space Administration)网站就转发了这条信息。

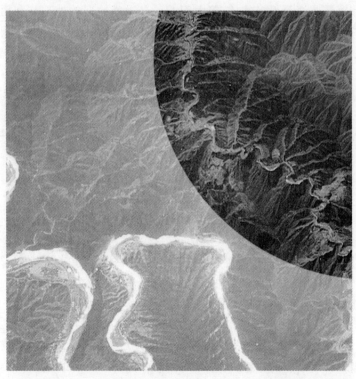

图 1-1 欧空局网站上发布的 PROBA 卫星图像

不料,两家国际公认的空间科技权威机构发布的这一判读结果随即引起了一系列的质疑。

首先是复旦大学和美国加州大学的学者提出质疑,认为被判读为长城的地物其实是一条汇聚水流的山沟。为此,ESA 于 5 月 19 日发布纠错公告,承认此前把一条注入密云水库的河流误判为长城。

紧接着,新华社在 5 月 27 日报道,北京市测绘设计研究院的科技人员用航片、1∶10000 地形图与 ESA 公布的图像进行叠加分析后提出新的看法,长城、河流之说都不正确,而是一条山间公路。

正当大家认为这个结论已无需争辩之时,中国科学院地理科学与资源研究所戴昌达教授和另一研究者姜小光合作的《卫星图像接连错判说明什么——从欧空局两次有关"太空看长城"的公告谈起》一文发表在《科学时报》6 月 2 日头版上,再次对前面的结论提出异议。他们经过实地考察后指出,原被误判为大运河的才是注入密云水库的一条自然河道——白河,而先被误判为长城后被误判为河流的只是一条小山沟,沟中有条间歇性的小溪,丰水期有水注入白河,此外还有条可通行汽车的窄公路。

2004 年发生的这起遥感图像误判事件让图像判读这个鲜为人知的职业一下子进入了大众的视野。原先很多人以为,随着遥感技术的飞速发展,地面的秘密在高分辨率成像卫星面前已臻于透明。现在才意识到:哪怕有再多的"遥感"图像,如果没有被正确地判读,"遥感"只可能变成"遥猜"。

随着航空、航天技术,传感器技术和无线传输技术的飞速发展,人类每天都要接收大量的遥感图像,日积月累,便形成了海量的遥感数据。尽管遥感技术已成功应用于土地调查、地图编修、军事侦察和海洋监视等很多领域,但由于人类对遥感数据的处理与利用能力有限,只有少量的数据真正得以利用。这其中,绝大多数的遥感图像并不是用于测绘、调查等深度处理,而是为了看出"它是什么",即目标识别。而这项工作的完成,是离不开图像判读的。

图像判读是一项专业性非常强的工作。判读人员需要习惯用"俯视"的方式看物体,需要经常对没去过的地方从照片上进行观察,需要经常主观地分析、推断、发现并识别图像中的"目标"及其"事件",进而推断出有用的情报信息。因此,图像判读在各个国家都是人才稀缺的职业,即使是国际权威部门也可能出现误判,因此,它也是一个亟待大力发展的技术。

1.2 概　　念

1.图像判读

广义的图像判读,是指从图像上获取信息的一种基本过程。从这个意义上来讲,几乎每一个人都要触及到图像的判读问题。书籍、报纸,杂志、广告、电影和电视都向读者和观众提供图像,每张图像又都向人们传递某些概念和印象,这些概念和印象的形成就是判读。这样的判读可能正确,也可能不正确,可能是有意识的,也可能是无意识的,可能是部分的,也可能是全部的。

作为专业术语的图像判读,则是指在特定的应用领域中,针对具体的对象,以专门知识为依据,从图像中提取特定信息的过程。例如医学图像判读(如针对 B 超图像、X 光图像、CT 图像、MRI 图像和 PET 图像的判读)、刑侦图像判读(如针对人脸图像、指纹图像的判读)和遥感图像判读等,都属于专业的图像判读,这类判读都需要由专门的技术人员来完成。

2.遥感图像判读

1962 年,在美国密执安大学威罗兰实验所召开的第一次国际环境遥感讨论会上将远距离探测技术正式命名为"Remote Sensing",这两个词译成汉语就是"遥感"。从此,遥感作为一门独立学科而正式诞生了。至今 50 多年里,遥感技术已获得飞速发展,取得了举世瞩目的成绩。

遥感图像判读即针对遥感图像的判读。由于遥感图像主要呈现了地物的顶视图像,与日常观察事物的角度有很大的区别,因此,要熟练掌握遥感图像判读并非易事。遥感图像判读又称"遥感图像解译",在业内还经常被简单地称为"影像判读"或"相片判读"。

"判读"和"解译"都对应英文单词"interpretation"。但若仔细区分,"判读"一词更强调人工的参与,"解译"一词则既可指人工行为,也可指机器行为,还可指人机交互行为。在遥感图像的军事应用中,由于对所提取信息的准确性要求极高,其信息提取过程以人工为主,因此,更习惯采用"判读"一词。而在民用领域,则更习惯用"解译"一词。随着人工智能技术的发展,遥感图像判读已逐渐从纯人工判读变成了人机交互式的半自动判读。"判读"一词也慢慢变得越来越通用化。本书后面提到的"判读"若无特别说明,均表示"遥感图像判读"。

3. 人工判读

"人工判读"又称为"目视判读"或"目视解译",是指专业人员通过肉眼观察或借助立体镜、放大镜、光电仪器、计算机软件等进行目视观察,凭借丰富的经验、扎实的专业知识和相关资料,通过人脑的分析、推理和判断,在遥感图像上获取特定目标地物信息的过程。

4. 机器判读

"机器判读"又称为"机器解译""计算机判读""计算机解译"或"图像理解"(imagery understanding),是指以计算机为支撑,利用模式识别与人工智能等技术,根据遥感图像中目标地物的各种影像特征(如颜色、形状、纹理与空间位置等),结合专家知识库中目标地物的解译经验和成像规律等知识进行分析和推理,实现对遥感图像的理解,完成对遥感图像的解译。

5. 判读的分类

除按判读方法分为人工判读和机器判读外,遥感图像判读还可从不同的角度进行以下分类。

(1)根据应用领域的不同,可分为普通地学判读和专业判读。前者又可分为地理基础信息判读和景观判读,后者又可分为地质判读、土壤判读、林业判读、水文判读、气象判读和军事判读等(见图 1 - 2)。

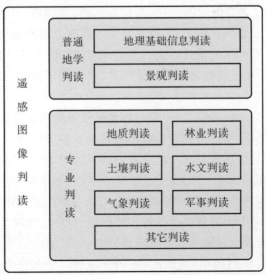

图 1 - 2　根据应用领域对遥感图像判读的分类

（2）根据识别对象的大小及所需图像分辨率的不同,可分为巨型地物与现象的判读、大巨型地物与现象的判读、中巨型地物与现象的判读和小型地物与现象的判读,见表 1-1。

表 1-1　根据应用范围对图像判读的分类

类别	大概分辨率范围/m	应用领域
巨型地物与现象	1 000 以上	地壳、成矿带、大陆架、洋流、自然地带等
大巨型地物与现象	100~1000	地热资源、冰与雪、土壤水分、海洋资源等
中巨型地物与现象	10~100	作物估产、洪水灾害、植物群落等
小型地物与现象	10 以下	建筑物、道路、土地利用、军事侦察等

（3）根据图像采集的平台不同,可分为航空图像判读和卫星图像判读。

（4）根据图像采集的波段不同,可分为可见光图像判读、红外图像判读、雷达图像判读和高光谱图像判读等。其中,红外图像判读、雷达图像判读和高光谱图像判读等有时又被称为特种图像判读。

1.3　遥感图像军事判读

从基于系留气球的阵地侦察,到基于飞艇、飞机、卫星、航天器的战场侦察,遥感技术的每一个跨越几乎都首先应用于军队。所以,今天的遥感图像判读,实际上也来源于军事判读。军事判读目前主要应用于两大领域:侦察和测绘。由于二者任务不同,所关注的对象亦有所不同。

1.军事侦察图像判读

军事侦察领域的图像判读所关注的对象往往是有军事价值的"地面目标",因此有时又被称为"目标图像判读"或"图像目标判读解译"。目标,即侦察、打击或攻击的对象,通常是指某种人工地物要素。侦察图像判读中需要面对的目标种类繁多:战略目标如城市、机场、港口等,战术目标如兵营、弹药库、交通枢纽等;固定目标如机场、指挥所、导弹阵地等,移动目标如飞机、战车、导弹、舰船等。图像判读的过程,就是对空中所获取的地面目标图像进行观察、分析、测量,以判定和揭示其性质和状况的过程。目标图像判读的根本任务是获取情报,照片上的图像只有经过判读,才能成为可供使用的情报。因此,图像判读是侦察图像转化为情报的重要桥梁。

此外,作为情报侦察的工作内容之一,对目标伪装效果的评估也离不开图像判读。在图像判读中关注的目标识别特征,刚好对应于伪装中的目标暴露征候,因此,要掌握伪装首先要懂得侦察图像判读,将判读与伪装联系在一起学习,有利于从本质上了解它们之间对抗的实质。

2.军事测绘图像判读

在军事测绘领域,经常把"判读"与"绘图"放在一起,合称为"判绘"。"判绘"是指"根据遥感影像及相关资料,将地形图上需要表示的地形要素识别出来,并用规定的图式符号表示在图像或图纸上的技术",它是摄影测量的重要组成部分之一,其关注的对象是地形要素,其成果主要是地形图(见图 1-3)。所谓地形,是地貌和地物的总称,是存在于地球表面的一切客观物体的总和。因此,军事测绘领域的判读,需要从图像上识别各种各样的要素;既包括地貌要素如山地、丘陵、平原、岛屿等，又包括地物要素如居民地、道路、桥梁、江河、森林等；既包括民用目标如工厂、矿区、医院、学校等，也包括军用目标如机场、港口、野战筑城、防空阵地等；既包括我方地形要素，又包括敌方地形要素。

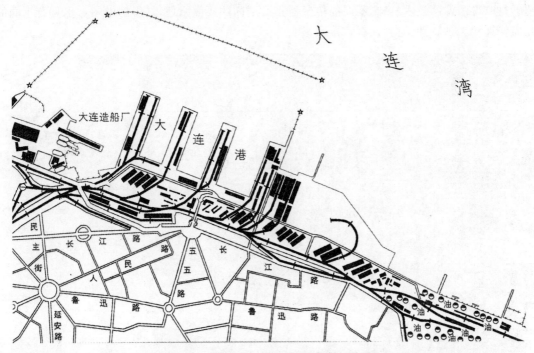

图 1-3　鼓浪屿局部地形图（来自互联网）

侦察图像判读与军事测绘中的判读存在大量的共性，对判读人员的知识储备和技术积累有基本相同的要求。略为不同的地方有二：

一是关注的对象不同。测绘中的判读关注的是所有地形要素，但一般不包含移动目标，如飞机、车辆等，侦察中的判读则常常只关注感兴趣的目标，自然也包括移动目标，有时甚至只关心该目标发生变化的部分。

二是关注的属性不同。测绘中的判读通常关注对象的位置、形状、尺寸、高度、材质等属性，侦察中的判读则更关注目标的状态、变化、组成、功能等。例如，在对横须贺海军基地图像判读的结果中，关注的重点在于主要的军用舰船及其泊位，如图 1-4 所示。

1.4　遥感图像军事判读的研究内容

遥感图像军事判读既是遥感图像处理的一个过程，也是一门学科。作为一个过程，它完成对遥感图像信息的分析与提取，实现对图像内容甚至隐藏其后信息的解读。作为一门学科，它关注从遥感图像上提取各类信息所需要的基础理论与实践方法，其研究内容大体上可包括三个部分：遥感图像知识、图像判读的方法与设备以及与目标相关的专业知识。

1. 遥感图像知识

遥感图像知识是判读的基础，搞不清遥感图像是怎么来的，对图像的判读也就无从谈起。

遥感图像知识主要包括电磁遥感的过程、能量辐射原理、大气中能量的相互作用、能量与地物的相互作用、各种成像传感器的原理与对应图像的特点。遥感图像是对地面目标电磁波辐射、散射或反射能量分布的记录,不同目标具有不同的电磁特性,反映在图像上就是不同的影像色调,所以目标的电磁特性不但是获取图像的物理基础,也是根据影像区分不同目标的基础。传感器是取得图像的技术基础,不同的传感器具有不同的成像原理,其得到的图像也具有不同的几何特性和物理特性,对判读有直接的影响。

图1-4 横须贺海军基地图像判读的结果(来自互联网)

2. 判读方法与设备

目视判读是目前各专业影像判读中主要采用的方法。目视判读的效果主要取决于判读人员的经验和技术水平,以及判读图像的地面分辨率,而且与人眼的视力和判读的仪器设备有关。目视判读是基于人的经验和主观思考的判读,因此要不断研究判读方法。具体包括判读的流程,判读中的思维方法、思维过程,人与人、人与机器的配合方法、组织形式等。由于人眼的视力是有限的,为了充分利用图像所提供的丰富信息,必须利用各种判读设备来增强人眼的能力,以提高判读效果。这些设备通常包括放大镜、立体镜、工作站、测图仪,以及各种图像处理、分析、测量、标绘、辅助识别软件等。

3. 目标知识

图像判读的专业性很强,不同领域的判读,需要不同领域的知识支撑。要从图像中识别各种目标,必须对各种目标的识别特征非常熟悉。不同性质的物体必然在图像上反映出不同的影像特征,这些影像特征是判读的语言,是区分不同地物的标志。由于判读的对象种类繁多、千差万别,要准确地根据图像给出正确的识别结果,必须对判读对象的各种特征非常清楚。可以说,对目视判读的研究最后都要落到对具体对象的特性研究上,而判读过程中推理性分析有效与否,直接取决于判读者对相关领域的知识是否精通。

1.5 遥感图像军事判读的产生与发展

遥感图像判读这一工作是伴随第一张空中照片的诞生而诞生的。1858 年，法国照相师 G. F. 图纳乔(Gaspard Felix Tournachon)(见图 1-5)用系留气球从 1 700 ft(约 518.16 m)的高度拍摄了法国巴黎的"鸟瞰"照片，这可能是历史上最早的空中摄影，被认为是遥感的萌芽。从此，开始了人们在空中照片上识别地面物体的实践，从而揭开了空中照相判读的帷幕。

空中照相开始应用到军事方面，大概是在美国南北战争时期。1862 年 6 月，北方军团的一个将军用一个系着绳子的气球，把照相师升到对方上空进行了空中照相，通过对照片的判读，获得了南部联邦军队的炮兵中队的情报(见图 1-6)。这时的像片判读只限于判明敌军的位置和基本行动。

图 1-5 法国照相师 G. F. 图纳乔

图 1-6 美国南北战争时期的空中侦察

在气球侦察发展的同时,出现了飞艇侦察。从 1900 年开始,德国人打造了大大小小的飞艇 100 多艘(见图 1-7),并用于进行战略和战术侦察,使像片判读的内容得以扩展。1903 年,莱特兄弟发明了飞机,从此航空侦察进入了崭新的历史时期。

图 1-7　一战时期德国的 LZ45 型军用飞艇

在 1912 年意土战争中,意大利人使用一架安装在飞机上的相机拍摄了敌人运动的照片,首次取得成功。进入第一次世界大战后,空中照相判读迅速得到了广泛的应用。通过对空中照相判读的研究和对各种目标的判读实践,人们逐步懂得了空中照片上目标影像的形状、大小、色调、阴影、位置以及目标的活动等现象与目标性质的内在联系。懂得了只有根据目标的形状、大小等因素,进行全面的分析研究,才能在空中照片上判明目标的性质。因此,人们把目标的形状、大小、色调、阴影、位置和活动,看作是判读各种目标的识别特征,这就使空中照相判读有了比较系统的依据,从而形成了空中照相判读的基本原理。这一时期还重点对基于中心投影的画幅式成像过程进行了较深入的研究,发展了基于图像的目标大小计算方法和基于立体摄影的立体观察方法。

第二次世界大战期间,由于战争情况的复杂多变、军队技术装备的迅速发展,人们对空中照相判读也就提出了更高的要求。对很多目标来说,仅仅判明它是什么,已经不能满足作战的需要,而应当更为具体、更为详细的判读。例如,对各种物质仓库的判读,不仅要判明它的性质,而且要判明其大致的容量;对活动目标的判读,不仅要判明它是什么和向什么方向运动,而且还要判明它的运动速度等等。为此,这一时期重点发展了基于阴影特征来计算目标高度的方法,基于多种手段计算活动目标运动速度的方法以及利用多光谱图像提高判读准确率和揭示伪装目标的方法等。

两次世界大战期间,飞机和航空照相技术都有较大的发展,照相侦察成为航空侦察的主要方式,以可见光照相为主,为作战双方提供了大量有价值的情报(见图 1-8 和图 1-9)。有人认为,在第二次世界大战(以下简称"二战")中,几乎 90% 的情报都来自空中照相侦察。与此同时,空中照相判读在经过了战争的实践和不断的研究以后,逐渐形成和充实了原理内容,成为一门新的系统的独立学科。

从使用飞机侦察开始至今,图像判读大体上经历了以下两次明显的跨越。

1. 从可见光图像判读到特种图像判读的跨越

战后,伴随着卫星遥感平台的迅速发展,遥感成像传感器技术也发生了迅猛的变化升级。从 20 世纪 60 年代开始使用红外相机,70 年代开始使用合成孔径雷达,到 80 年代开始使用成像光谱仪,遥感图像产品家族相继加入了多光谱图像、近红外图像、热红外图像、雷达图像和高光谱图像等,而且图像的空间分辨率、时间分辨率、光谱分辨率等都得到了大幅提高。不同类型的图像各有特点,适合于不同的应用。可见光相机适于在白天有良好光照的条件下拍照,其图像清晰、直观、易于判读,分辨率高,可用来判读各种目标。红外相机适于夜间拍照,其图像可用来揭露伪装,监视夜间的军事行动。多光谱相机也具有识别伪装的能力,而且其图像与可见光相机的黑白图像叠加在一起时兼有彩色和高分辨率特点,更便于目标判读。高光谱相机通常有几百个谱段,光谱分辨率很高,其图像适用于对地球表面的物质进行分类,识别化工厂的散发物,发现隐藏在伪装物下的军事目标,因而在军事上具有非常重要和特殊的应用价值。合成孔径雷达可克服夜暗和云层的限制,实现全天候和全天时成像侦察,其图像适用于发现和跟踪地面伪装目标,提示地下设施的面貌。由于成像机理的明显不同,热红外图像、雷达图像和高光谱图像与传统的可见光图像有很大的区别,在判读行业有时被称为特种图像。特种图像判读起来非常困难,具体的判读理论和方法至今仍在发展之中。

(a)

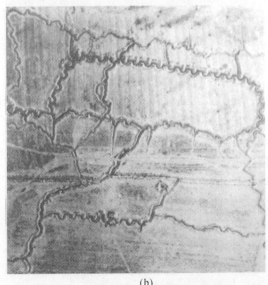
(b)

图 1-8　一战中的航空侦察与获取的战壕图像

(a)航空侦察;　(b)战壕图像

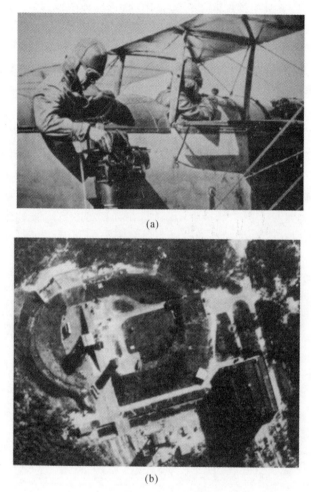

(a)

(b)

图 1-9　二战中的航空侦察与获取的导弹阵地图像
(a)航空侦察；　(b)导弹阵地图像

2. 从胶片或相片判读到数字图像判读的跨越

1964 年美国喷气推进实验室正式使用数字计算机对"徘徊者 7 号"宇宙飞船发回的 4 316 张月球像片进行处理,标志着影像判读走进了计算机处理时代。以计算机为核心的数字图像显示与处理技术的快速发展,在图像判读领域引起了两个明显的变化。

(1)传统的人工目视判读流程与工具发生了巨大变化。数字图像处理技术出现后,传统的以胶片或相片为图像介质,以放大镜、透光箱、光学立体镜和目标转绘仪为主要工具的目视判读模式几乎迅速被淘汰,取而代之的是以计算机为中心的目视判读模式,即屏幕目视判读模式。目前所说的人工目视判读一般就是指屏幕目视判读。围绕计算机进行目标判读,可以方便地接收和拷贝不同来源的图像,可以方便地对图像进行对比度增强、放大、缩小、多时相图像叠加显示、量测、计算和标注等操作,还可以用多种形式进行立体显示,判读结果亦为数字形式,便于与 GIS 结合,形成更为丰富的情报成果,从而大大地提高了判读的效率和准确性。由于屏幕目视判读存在着极大的优越性,在数字相机与胶片相机并存的很长一段时间里,判读人员还得使用各种专业的扫描仪将胶片或相片变成数字图像。

(2)自动判读技术受到追捧与发展。从 20 世纪 70 年代后期开始,自动判读技术成为遥感数据分析处理技术发展的主流方向,各种遥感图像处理系统应时而生。人们开始利用常用的监督分类和非监督分类的各种算法对遥感图像进行自动分类。计算机分类系统在地面状况较单一的情况下可以取得很好的结果,其效率比目视判读明显提高。但对于复杂的景观,计算机判读结果很难达到目视判读的水平,导致其实用性也受到很大程度的限制。此外,在人工智能领域,模拟人脑的思维过程进行遥感图像的自动判读也一直是非常活跃的研究方向。通过模拟专家们在解决实际问题时所使用的方法,建立由多个专家的知识组成的专家系统,由计算机推理计算得到图像的分类结果,使提高判读结果的可靠性与精确性成为可能。人工智能为实现知识表达的计算机程序开发提供了强大的技术支持。过去的几十年中,出现了一大批判读专家系统或影像理解系统,但它们多集中在航空和航天遥感影像的专题分类和目标识别等任务上,其发展至今仍然停留在试验研究阶段,还显得很不成熟,没有能真正满足应用需要的产品问世。因此,要真正应对具体的遥感影像判读应用任务,无论是判读专家系统,还是影像理解系统,均有待于研究与发展。

第 2 章　遥感侦察基础

"知己知彼,百战不殆",这是历代军事家信守的格言。古今中外的战场名将们没有不将首功归于情报的。根据 2001 年张晓军主编的《军事情报学》所给出的定义,情报(Intelligence)是指"为保障军事斗争需要而搜集的情况及其研判成果。"可见,"搜集"与"研判"是形成情报的两种重要途径。"搜集"即侦察,是情报工作的主要内容。国际上通常将情报分为 7 种类型:图像情报(IMINT)、信号情报(SIGINT)、测量和特征情报(MASINT)、人工情报(HUMINT)、公开来源情报(OSINT)、技术情报(TECHINT)和反情报(CI)。其中,图像情报,尤其是来自航空航天侦察的图像情报,被公认为是最重要的情报类型,在照相术发明以来的世界范围内的历次大小战争中都发挥着绝对的主导作用。航空侦察与航天侦察无疑是现代军事侦察中最重要的侦察形式,它们本质上是属于遥感成像。

对遥感成像的物理过程和图像特性的充分了解,是图像判读的基础。为此,本章对遥感侦察与遥感图像的相关知识进行简单的介绍。

2.1　航空侦察与航天侦察

一般认为,飞行高度在海拔 100 km 以上(也有人认为 80 km 以上)的飞行器称为航天飞行器,如卫星、航天飞机、空间站、飞船等;飞行高度在海拔 100 km 以下的飞行器称为航空飞行器,如固定翼飞机、直升机、无人机、飞艇和气球等。也有人将飞行高度在海拔 30 km 以下的飞行器称为航空飞行器,飞行高度在海拔 30~100 km 之间的飞行器称为临近空间飞行器。

2.1.1　航空侦察

航空侦察是指利用各种航空器(如固定翼飞机、直升机、无人机、飞艇和气球等)为平台,携带侦察设备对地面有价值的目标遂行侦察的军事活动。航空侦察从作战使命来划分,可以分为战略航空侦察、战役航空侦察和战术航空侦察等三种;根据航空侦察所采用的平台来划分,可以分为载人航空侦察和无人航空侦察两种;根据平台的特点来划分,可以分为固定翼侦察机、侦察直升机、无人侦察机、侦察飞艇和侦察气球等五种。

与其他侦察手段相比,航空侦察具有如下特点:

(1)可以居高临下地观察,克服了地面侦察设备受地球曲率和地形障碍物对视线的限制。

(2)由于航空摄影的高度可控,航空侦察中更容易得到高分辨率图像,使发现与识别目标的过程更为可靠。

(3)可以通过连续记录将战场动态记录下来,非常形象和直观,如通过电视摄像机记录目标被打击的全过程。

(4)机动灵活性大,可随时、多次出动,并可根据战场情况、目标种类、时间与气候等,选择不同的侦察手段,并可快速抵达被侦察区域实施侦察。

现代航空侦察平台中多数为有人驾驶飞机和无人驾驶飞机。有人驾驶飞机是航空侦察的主力,它可携带航空相机、红外扫描相机、侧视成像雷达、电视摄像机、电子侦察设备等。有人驾驶侦察飞机通常分为两类:一类是专门设计的侦察机,如 SR-71、U-2(见图 2-1)、P-3C 和米格-25P 等;另一类是由战斗机、攻击机或运输机改装的侦察机,如 RF-5E、RF-16、RF-104、RC-135 和 E-3A 等。近年来,无人驾驶侦察机得到了飞速发展,有逐步取代有人侦察机的趋势,其典型代表有美军的 RQ-4"全球鹰"无人机(见图 2-2)、MQ-1"捕食者"无人机等。与有人驾驶侦察机相比,无人侦察机成本低、适应性强、被探测性低、机动灵活,可以完成危险性大、不宜使用有人驾驶侦察机的侦察任务。

图 2-1　U-2 侦察机及其三视图

图 2-2　RQ-4"全球鹰"无人机

2.1.2　航天侦察

航天侦察是指利用各种航天器为平台,携带侦察设备对地面、空中和空间有价值的目标遂行侦察的军事活动。航天侦察是实施战略侦察的传统手段,在和平时期和战争时期都可使用。随着航天侦察情报实时性的提高,其实施战术侦察和战役侦察的能力日益增强,现代战争对航天侦察的依赖性日益增加。据统计,目前航天侦察约占全部侦察手段的 60%~65%。根据航天侦察所采用平台的不同,航天侦察可分为无人航天侦察和载人航天侦察两种。无人航天侦察是指利用卫星等无人航天器为平台实施的侦察;载人航天侦察是指利用载人飞船、航天飞机、空间站等有人航天器为平台实施的侦察。

与其他侦察手段相比,航天侦察具有如下特点:

(1)侦察范围广、覆盖面积大。侦察卫星多数使用大型线阵列成像传感器,通过推帚方式成像,在同样的视角下,卫星所覆盖的侦察范围是飞机的几万倍。例如,运行在离地面150～200 km高的轨道上的成像侦察卫星能把4万多平方千米的地区拍摄在一张图片上。这样一张图片抵得上几十张、甚至上几百张航空侦察图片。

(2)运行速度快,不容易实现连续动态监视。在近地轨道上运行的侦察卫星,飞行速度高达7.9 km/s,绕地球一圈不到90 min,每天可绕地球飞行16圈,对同一目标的重访时间在十几至几十个小时。当然,通过发射多颗卫星组网,可以缩短侦察该地区的时间间隔,但依然难以实现连续动态监视。作为一个特例,中国2016年发射的"高分四号"卫星运行在距地36 000 km的地球静止轨道上,采用了面阵凝视方式成像,实现了高时间分辨率成像,但由于轨道太高,不得不牺牲图像的空间分辨率。

(3)侦察行动无外交纠纷。航天侦察可不受国界、地理和气候条件限制,自由飞越地球上任何一个地区,畅通无阻。

自美国1960年首次成功发射并回收世界上第一颗光学成像侦察卫星以来,成像侦察卫星已成为各国发展航天侦察系统的首选。成像侦察卫星是指搭载光学侦察设备或雷达侦察设备从空间对地面目标实施侦察、监视与跟踪的卫星,它是目前发展得最早、最快,数量最多,技术也最成熟的卫星侦察方式。成像侦察卫星主要使用的遥感器包括可见光照相机、红外照相机、电荷耦合器件(CCD)照相机、成像雷达、扫描仪、多光谱或超光谱照相机等。

成像侦察卫星具有地面分辨率高的特点,其最高分辨率能达到0.1 m。为获得较高的地面分辨率,成像侦察卫星通常采用近圆形的低轨道,轨道高度一般在300 km以下,对卫星控制精度要求极高。有些卫星还具有轨道机动能力,可以获取更高的分辨率或改变侦察目标。

多数成像侦察卫星与民用成像遥感卫星一样选择太阳同步轨道,这样卫星对地拍照时有较好的光照条件,有利于照片判读。

按信息传输方式的不同,成像侦察卫星可分为返回型和传输型两种:返回型成像侦察卫星是将搜集到的目标图像情报信息首先存储在卫星回收舱的胶片中,待卫星回收舱返回地面后再进行处理,因此时效性较差;传输型成像侦察卫星是将搜集到的目标图像情报信息通过两种方式传回地面站:一是直接通过数据中继卫星传送到地面接收站,称为实时传输;二是在飞到地面站的接收区时以无线电传输的方式传回地面接收站,称为存储转发。

按用途的不同,成像侦察卫星可分为普查型和详查型两种:普查型用于执行对大面积目标地区进行监视的战略侦察任务,一般覆盖数千平方千米到数万平方千米的地区;详查型用于对特定局部目标地区进行更详细深入的侦察,获取重要目标的详细特征信息,覆盖面积相对较小。有些卫星同时具备普查和详查两种工作模式。

按照星载有效载荷的不同,将成像侦察卫星分为光学型、雷达型和混合型三种。

2.1.3 遥感侦察图像类型

航空侦察获取的图像形式主要有可见光电视图像、红外电视图像、航空照片、合成孔径雷达图像等。

其中,可见光/红外电视图像通常是航空侦察的标准输出,用于对目标区进行搜索,以发现目标。电视图像的优点是可以记录目标的动态变化情况;可适时传至地面用于快速判读与分析。它的缺点是分辨率不高,单帧图像往往不是太清晰。

航空照片主要用于目标详查。根据所配置的侦察相机种类,航空照片可能是全色的,也可能是多波段的,可能是胶片式的,也可能是数字式的。与电视图像相比,航空照片的优点是视场大,收容范围广;图像分辨率高,便于识别目标;可利用多幅图像实现立体观察。其缺点是只能记录目标的瞬间状态,而无动态信息;若为胶片,则需要在地面冲印,实时性很差;若为数字照片,数据量较大,传输占用的下行信道资源较多,常常会造成较长的传输延时。

合成孔径雷达图像通常是一种补充手段,其优点是不受云雾、黑夜的影响,可全天候、全天时实施侦察;有一定透射能力,可用于发现部分伪装目标;便于发现装备、车辆等强散射目标。其缺点是成像设备较大较重,且耗电量大,对平台要求高;成像过程对飞机航线稳定性有较高要求,不能在任意状态成像;只能在飞机完成扫描后才能成像,实时性差;一般只能对静止目标成像,对动目标成像时又难以兼顾其它静止目标;成像机理复杂,图像判读困难。

航天侦察获取的图像形式主要有可见光图像、多光谱图像、热红外图像、高光谱图像、合成孔径雷达图像等。由于轨道高、速度快,目前在轨的侦察卫星基本上都没有选择输出分辨率不高的视频图像。不过随着遥感技术的发展,将来的侦察卫星也可能选择这种侦察形式。在2015 年中国发射的"吉林一号"灵巧视频卫星上就搭载了具备数字视频采集功能的相机,这算是对未来天基视频监视技术的一种尝试。

目前,侦察卫星获取的可见光图像、多光谱图像、高光谱图像主要覆盖可见光至近红外波段,属于反射式成像。由于卫星的轨道高度远高于航空平台,这几类卫星图像基本上都是通过推帚式相机获取的,在投影方式上与航空相片有很大的不同,从而在后期的校正、立体观察等方面存在明显差别。例如,卫星图像的立体观察往往需要利用有重叠的不同条带图像来形成视差,或者在同一条带上同时用不同倾角的相机获取。

侦察卫星获取的热红外图像一般采用光机扫描仪获得。随着红外焦平面阵列技术的不断发展,凝视型热像仪已被用到侦察卫星上,但受分辨率所限,目前主要用在预警卫星上。

2.2　对地遥感基础知识

2.2.1　遥感的能量来源与演化

遥感传感器之所以能收集地表的信息,是因为地表任何物体表面都辐射电磁波,同时也反射入照的电磁波。

按遥感器所接收的电磁波的主要来源分,可将遥感分为反射式与发射式两种。反射式即以地物反射的电磁波为主要能量源,发射式则以地物自身辐射的电磁波为主要能量源。

按遥感器是否自带照射源来分,又可将遥感分为被动遥感和主动遥感。被动遥感又称无源遥感,是指遥感器本身不发射任何人工探测信号,只能被动地接收从对象那里来的信息而进行的遥感。主动遥感又称有源遥感,是指遥感器通过自身发射人工探测信息,并接收被目标反射回来的信息而实现的遥感。

由于地表温度远低于太阳温度,太阳辐射的能量远远地高于地球自身的辐射。因此,遥感器白天接收到的能量主要是地面目标对太阳辐射的反射,而夜晚接收到的能量主要是地球表面物体的辐射。无论是地物自身辐射的能量还是地物对太阳辐射的反射能量,都会在不同的波段表现出强弱的差别,而经过大气衰减后进入遥感器时又会发生进一步变化,从而形成各种各样的反射光谱或发射光谱。在某个特定波段上的遥感成像,相当于同时观察所有地物反射(或发射)光谱的某个局部。不同地物所对应的光谱的幅度和形状之不同,表现为不同地物在遥感图像上的灰度不同,这是遥感图像可以区分不同地物的根本依据。

遥感器所接收到的地物发射光谱或反射光谱是多种因素共同作用的结果:与地球或太阳的辐射能谱有关,其基本规律可以黑体辐射规律作为参照;与太阳、地球和遥感器的位置关系有关,如不同季节、不同太阳高度角、不同地理位置造成的差异;与大气的衰减有关,如不同天气造成的差异;与遥感能量采集的尺度有关,如分辨率不同造成的像元混合关系差异……;最后,还与目标地物的自身特性有关,如形状、颜色等造成的差异。遥感图像解译的本质,就是从遥感图像中剔除其它因素的影响而保留与目标地物自身特性有关的信息,并据此区别和识别不同的目标。但由于种种因素的综合影响,同一地物在不同成像条件下会表现出很大的差异,不同地物在不同条件下也可能会表现出相似的光谱,即所谓"同物异谱"和"同谱异物"现象,这正是遥感图像解译面临的困难之一。

2.2.2 黑体辐射与太阳辐射

众所周知,只要物体的温度高于绝对零度(−273 ℃),就会向外发射具有一定能量和波谱分布的电磁波,称之为热辐射,其辐射能量的强度和波谱分布主要由温度决定,同时也与物质类型有关。

为了研究物体的辐射特性与温度的关系,遥感学中常常以黑体的辐射特性作为参照。黑体是热辐射理论的基础假设,它具有完全吸收和完全辐射的特点,也就是说,它可以吸收全部的能量而没有反射和透射。绝对黑体在自然界是不存在的,但在理论上非常重要,可以在实验室中来近似模拟。

早在 1900 年,普朗克就建立了著名的普朗克公式,用于描述黑体的辐射能量密度谱与其温度的关系。普朗克公式表明,黑体辐射能量谱只与其绝对温度有关。根据普朗克公式绘制的不同温度的黑体辐射能谱曲线如图 2-3 所示。

从图中可直观地看出黑体辐射的三个特性:

(1)随着温度的增加,黑体辐射的总辐射通量密度(图中曲线下面积)迅速增加。这一规律可通过对普朗克公式进行积分得到,其解析结果可表示为

$$M(T) = \delta T^4 \tag{2-1}$$

该公式称为斯特藩-玻耳兹曼公式。式中,$M(T)$ 为辐射出射度,指单位时间内辐射源在单位面积上辐射出的能量,又称为辐射通量密度。δ 为斯特藩-玻尔兹曼常数,T 为黑体的热力学温度。斯特藩-玻耳兹曼公式表明,绝对黑体表面上,单位面积发出的总辐射能与绝对温度的四次方成正比。斯特藩-玻耳兹曼公式是无接触温度测量的理论基础。对于一般物体来讲,传感器检测到它的辐射能后就可以用此公式概略推算出物体的总辐射能量或绝对温度 T。

(2)黑体辐射光谱曲线的极大值对应的波长 λ_{max} 随温度的增加向短波方向移动,温度越高,λ_{max} 越小。这一规律亦可通过对普朗克公式求极值得到,其解析结果可表示为

$$\lambda_{max}T = 2\ 897.8 \tag{2-2}$$

式(2-2)又被称为维恩位移定律。该定律表明,黑体在受热后,随着温度的升高,其光谱成分不断变化,随着其可见光波段辐射能量的增加,黑体的颜色会逐渐由黑变红、转黄、发白、

最后发蓝。因此,在照明技术领域常用某绝对温度下黑体发出的光所含的光谱成分来表征某种光源的颜色,该颜色对应的黑体温度被称为色温。维恩位移律常用于选择遥感器和确定对目标物进行热红外遥感的最佳波段。如太阳的辐射温度约 6 000 K,太阳辐射谱峰值对应的波长约为 0.58 μm,在可见光波段,这是一般反射遥感的工作波段。而地球的表层温度大约为 300 K,地表物体的辐射谱峰值对应的波长约为 9.7 μm,位于远红外波段,这是辐射遥感的工作波段。

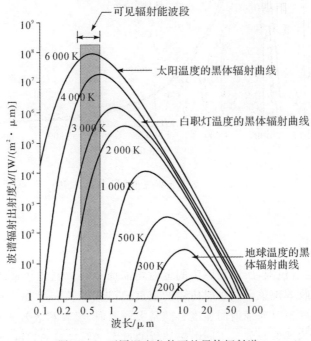

图 2-3　不同温度条件下的黑体辐射谱

(3)每根曲线彼此不相交,即温度 T 越高,所有波长上的辐射通量密度也越大。这一规律表明,不同温度的物体,在任何波段处的辐射通量密度是不同的。这正是在分段记录的热红外遥感图像上可以分辨不同温度的地物的根本原因。

太阳辐射相当于 6 000 K 的黑体辐射,它是被动遥感最主要的辐射源。由于大气的衰减作用,太阳辐射到达地面时的强度与太阳辐射到达地球大气上空时的强度相比,已发生了很大的变化,如图 2-4 所示。其主要特点有:

1)太阳辐射的能量主要集中在可见光,其中 0.38~0.76 μm 的可见光能量占太阳辐射总能量的 43.5%,最大辐射强度位于波长 0.47 μm 左右。

2)到达地面的太阳辐射主要集中在 0.3~3.0 μm 波段,包括近紫外,可见光、近红外和中红外。

3)经过大气层的太阳辐射有很大的衰减。到达地球大气上界的太阳辐射,约有 30% 被云层和其他大气成分反射返回太空,约有 17% 被大气吸收,还有 22% 被大气散射并成为漫射辐射到达地球表面。因此,大气上界的太阳辐射中仅有 31% 作为直射太阳辐射到达地球表面。

4)各波段的衰减是不均衡的。大气的散射作用主要发生在可见光和紫外等短波部分,大气的吸收作用主要发生在红外波部分,并形成了多个吸收谷。

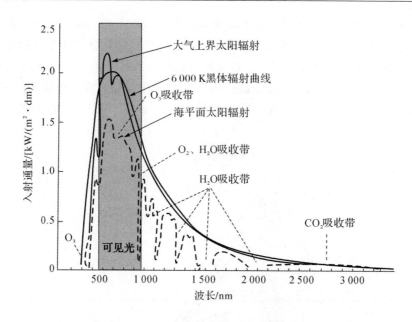

图 2-4 太阳辐射光谱与大气的作用

2.2.3 大气窗口

地球被大气圈层所包围,所以遥感中的辐射均需通过在大气中传播才能到达传感器。大气的折射、散射和吸收等现象影响辐射传输的速度、方向、波长和强度。通常大气折射只是改变太阳辐射的方向,并不改变辐射的强度。但是大气反射、吸收和散射的共同影响却衰减了辐射强度,剩余部分才为透射部分。不同电磁波段通过大气后衰减的程度是不一样的,因而遥感所能够使用的电磁波是有限的。有些大气中电磁波透过率很小,甚至完全无法透过电磁波,称为"大气屏障";反之,有些波段的电磁辐射通过大气后衰减较小,透过率较高,对遥感十分有利,这些波段通常称为"大气窗口",如图 2-5 所示,该图又对应于图 2-4 中的海平面太阳辐射。

目前所知,可以用作遥感的大气窗口大体如下:

(1)0.3~1.15 μm,透射率为 90% 左右。

(2)1.4~1.9 μm 和 2.0~2.5 μm,透射率为 80% 左右。

(3)3.5~5.0 μm,透射率约为 60%~70%。

(4)8~14 μm,透射率约为 80%。

(5)1.0~1 000 mm,其中 1.0~1.8 mm 窗口透射率约为 35%~40%,2~5 mm 窗口透射率约为 50%~70%,8~1 000 mm 窗口透射率为 100%。

2.2.4 遥感的工作波段

由于大气窗口的存在,遥感能用的主要波段是紫外、可见光、红外和微波,它们的波长范围及通常采用的遥感方式见表 2-1。

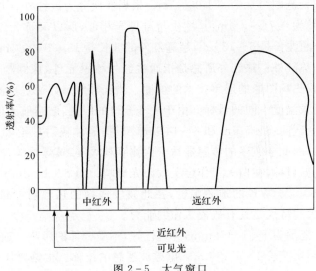

图 2-5　大气窗口

表 2-1　遥感使用的电磁波段及常用遥感方式

名称		波长范围	常用的遥感方式	
紫外线		0.01~0.38 μm		反射式
可见光		0.38~0.76 μm	被动式	
红外线	近红外	0.76~3.0 μm		
	中红外	3~6 μm		
	远红外	6~15 μm		发射式
	超远红外	15~1000 μm		
微波	毫米波	1~10 mm	主动式	
	厘米波	10~100 mm		反射式
	分米波	100~1000 mm		

上述各波段的主要特性如下：

(1)紫外区波长范围约为 0.01~0.38 μm。由于大气对紫外线的衰减作用非常强烈,太阳光谱中只有波长为 0.3~0.38 μm 的紫外光能到达地面。紫外遥感在遥感方面的应用比其他波段晚,且只适合用于探测高度在 2 000 m 以下,目前主要用于测定碳酸盐分布和检测水面油污,而很少用于对地面目标的遥感成像侦察。

(2)可见光区波长范围约为 0.38~0.76 μm,人眼对其有敏锐的感觉。不论是航空摄影还是卫星遥感中,可见光都是最常用的工作波段。由于感光胶片的感色范围正好在这个波长范围,故可得到具有很高地面分辨率、易于判读且地图制图性能较好的黑白全色或彩色影像。随着红外摄影和多波段遥感的相继出现,可见光遥感器已把工作波段外延至近红外区(约 0.9 μm)。在成像方式上也从单一的摄影成像发展到黑白摄影、红外摄影、彩色摄影、彩色红外摄影及多波段摄影和多波段扫描,其探测能力得到了极大提高。

(3)红外线的波长范围为 0.76～1 000 μm。根据性质分为近红外、中红外、远红外和超远红外。近红外的波长为 0.76～3 μm,其性质与可见光相似,所以又称光红外。中红外的波长是 3～6 μm,远红外的波长是 6～15 μm,超远红外的波长是 15～1 000 μm,三者都是产生热感的原因,所以又称为热红外。热红外遥感是指通过红外敏感元件,探测物体的热辐射能量,显示目标的辐射温度或热场图像的遥感技术的统称。热红外传感器通过检测目标与背景的温度分布,以突显出与背景温度不同的目标。由于大气窗口的限制,航空航天侦察所用的热成像传感器主要工作在两个区间:3～5 μm 和 8～14 μm。根据黑体辐射理论,3～5 μm 区间的中间值 4 μm 对应 720 K,因此本波段的传感器适于探测森林火灾、核爆炸等,军事上用于探测飞机尾焰、导弹尾焰等高温目标,在白天工作会受太阳光影响。而 8～14 μm 区间的中间值 10 μm 对应地表温度 290 K,属于常规的地表温度,在此波段地物的热辐射能量大于太阳的反射能量。热红外遥感最大的特点是具有昼夜工作的能力。

(4)微波的波长范围为 1～1 000 mm,穿透性好,不受云雾的影响。通常用于雷达、通信技术中。微波遥感指利用波长 1～1 000 mm 电磁波遥感的统称。根据黑体辐射理论,地物自身辐射的微波能量接近于零,故微波遥感必须采用主动遥感方式,即通过天线向地面目标发射电磁波并测量其反射(或散射)的回波,其特点是不依赖日光,或全天时工作,同时对云层、地表植被、松散沙层和干燥冰雪具有一定的穿透能力,故可全天候工作。微波遥感的缺点是成像机理复杂,图像判读困难。

2.3 遥感图像的典型采集模式

遥感图像的典型采集模式大体包括三种:面采集、线采集和点采集。

面采集是指单次曝光就可成一幅二维遥感图像。线采集指单次曝光可成一条线状图像,利用平台的直线运动不断推进,最后形成条带图像。点采集指一次采样只记录一个像元的信息(灰度值或波谱),利用机械装置和平台的运动实现逐点扫描推进,最后组装为一幅遥感图像。

不同的采集模式适用于不同的平台或频段,其图像质量和几何特性各不相同。

2.3.1 面采集模式

以胶片作为感光材料的航空相机和航天相机基本上都属于画幅式相机(有时也被称为框幅式相机),它们都工作于面采集模式。国际上常见的胶片尺寸主要有:10 cm×10 cm、18 cm×18 cm、23 cm×23 cm、23 cm×46 cm、30 cm×30 cm 等。

随着 CCD 技术的大量应用,胶片式相机逐渐被面阵列 CCD 相机所取代。面阵列 CCD 相机也工作于面采集模式。由于航天相机工作高度远高于航空相机,要得到高分辨率和大画幅的数字图像就意味着需要超大面积的面阵列 CCD,其制造难度和制造成本都非常高。因此,面阵列 CCD 相机多见于航空遥感平台,而很少用于航天遥感平台。2015 年发射的"吉林一号"灵巧视频卫星上搭载的凝视型相机是少数使用面采集模式的航天相机之一;另外,世界首颗运行于地球同步轨道的遥感卫星,中国的"高分 4 号"卫星亦采用了大口径面阵凝视相机,其成像模式也是面采集模式。

除了一些人为采用了有严重镜头畸变的相机(如超大视场红外凝视成像系统中采用的鱼眼镜头)之外,多数来自面采集模式的遥感图像的投影属于中心投影。所谓中心投影,就是空间任意直线均通过一固定点(投影中心)投射到一个平面(投影平面)上而形成的透视关系。如图 2-6 所示,S 为投影中心,P 为投影平面,f 为焦距,H 为航高。SA 为通过投影中心的直线(投影光线),SA 与 P 的交点 a 为地面点 A 的中心投影。同样 SB、SC、SD 与 P 的交点 b、c、d 为地面点 B、C、D 的中心投影。

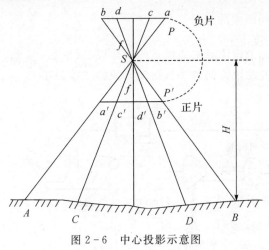

图 2-6　中心投影示意图

在中心投影上,点的像还是点。直线的像一般仍是直线,但如果直线的延长线通过投影中心时,则该直线的像就是一个点。空间曲线的像一般仍为曲线。但若空间曲线在一个平面上,而该平面又通过投影中心时,它的像则成为直线。

2.3.2　线采集模式

早期的缝隙式摄影机(见图 2-7(a))和全景摄影机(见图 2-7(c))都是工作于线采集模式的典型设备。前者每次采集一条与航向垂直的图像,通过平台运动形成二维图像,其扫描过程又被称为推帚式;后者每次采集一条与航向平行的图像,通过机械摆动扫描实现大视角的全景图像,其扫描过程被称为挥帚式。

现代传输型遥感卫星上一般都会采用与卫星前进方向垂直的大型线阵列 CCD 作为感光装置,利用卫星的运动实现推帚式成像,因此也被称为推帚式扫描仪(见图 2-7(b)),其成像原理与缝隙式摄影机基本相同,也是典型的以线采集模式工作的遥感图像采集设备。

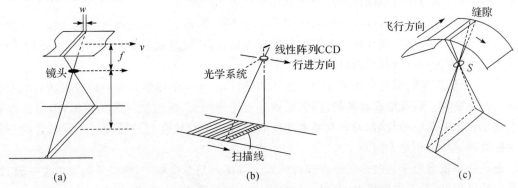

图 2-7　三种工作于线采集模式设备的工作原理
(a)缝隙式摄影机;　(b)推帚式扫描仪;　(c)全景摄影机

推帚式遥感图像的投影属于行中心投影,即每一行都属于中心投影,列方向的投影属于平行投影。

推扫式设备一般采用线阵列 CCD 作为感光器件,其灵敏度多限于可见光和近红外,所以常用于机载或星载的可见光、近红外或在此频段的多光谱、高光谱图像的采集。

2.3.3　点采集模式

光机扫描仪是典型的工作于点采集模式的成像设备(见图 2 - 8),它利用光学系统的机械转动和飞行器向前飞行的两个方向的垂直运动形成的二维扫描。

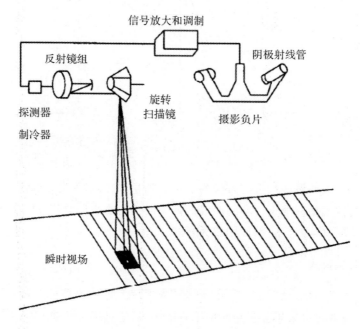

图 2 - 8　光机扫描仪工作原理

在一张光机扫描图像上,各像点不是在同一瞬间成像的,各像点都有自己的投影中心,因此可称其为多中心投影图像。由于在同一条扫描线上各像点成像时刻相差甚小,可认为每行扫描线(扫描行)各有一个投影中心,因此也可近似看成行中心投影图像。但与前面所述的线扫描图像不同,其同一行不同位置的分辨率并不相同。原因有二:

第一,光机扫描仪的扫描镜一般以恒定的角速度转动,所记录的光点同步地在胶片上沿横向匀速移动,但其瞄准点在地面上并不是匀速直线运动,这就造成图像的同一行上不同点的比例尺不同,这称为切向畸变或舷向畸变。

第二,光机扫描的瞬时视场角是一个立体角,类似一个圆锥体的顶角。瞬时视场角的中心线称之为瞄准轴。假设地面是平的,当瞄准轴垂直于地面时,瞬时视场为一圆形,但当瞄准轴向左侧或右侧偏离中轴线时,瞬时视场会变大而形成一个形状渐变的椭圆。这意味着同一行不同位置的采样面积是不同的。

光机扫描仪常用于星载热红外图像传感器。其优点是总视场大,各像元的灵敏度一致;缺点是信噪比较低(每个点的感光时间短,信号弱)、几何误差大、能耗高、结构复杂。

2.4　遥感图像的分辨率

分辨率是遥感技术及其应用中的重要概念,也是衡量遥感图像质量的一个重要指标。按表征图像信息的维度来分,遥感图像的分辨率概念可以有许多具体的定义,如空间分辨率、时间分辨率、光谱分辨率、辐射分辨率和极化(偏振)分辨率等。对图像判读影响最大的是空间分辨率。

需要说明的是,"分辨率"与"分辨力"是两个不同概念,但被混用已久,本书遵从习惯,不作严格区分。

2.4.1　空间分辨率

空间分辨率(spatial resolution),又称为地面分辨率(ground resolution),前者对记录的图像而言,后者对地表而言,两者意义相同。空间分辨率是指在一幅图像上能够详细区分的最小单元的尺寸或大小,通常有三种表示形式:

(1)像元大小(pixel size),指扫描图像或数字图像的最小单元所对应的地面范围。由于绝大多数采样都是均匀的方形网格式采样,故像元大小常用网格的边长来间接表示,通常以 m 为单位。例如某卫星图像的一个像元相当于地面 0.5 m×0.5 m 的面积,常常笼统地讲它的空间分辨率是 0.5 m。用像元大小表示的分辨率常称为图像的像元分辨率。

(2)像解率(photographic resolution),指胶片或照片每毫米所包含的线对数,是一种能够较客观反映图像对细小物体分辨能力的参数。

通常,图像的像元尺寸越小就意味着图像的分辨能力越高。但严格来说,像元尺寸只表征了图像采样网格的大小,从图像上是否能看清地面目标,还受光学系统的分辨率(通常用调制传递函数描述)、图像的幅度分辨率、图像的对比度等多种因素综合影响。例如图 2-9 中的五幅图像,其像元数量及对应的地面范围完全相同,也就是像元分辨率完全相同,但真实的分辨能力却完全不同。因此,在遥感图像的分辨率测定中,经常采用类似于测定像解率的方式,用一种专用的标靶图来进行测试,用标靶图上最小的可分辨线对宽度来表征图像的分辨率,也是以 m 为单位。

常用的测试标靶如图 2-10 所示。如果在一幅遥感图像上,最小的可以被分辨的线对为 1 m(即在黑白线条标靶图上对应黑、白线条各宽 0.5 m),则认为此图像的分辨率为 1 m,以此方法确定的分辨率常被称为地面分辨率。显然,要达到 1 m 的地面分辨率,该图像的像元分辨率最低要达到 0.5 m。

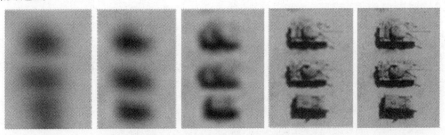

图 2-9　像元分辨率相同的几幅图像

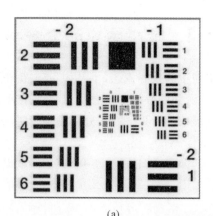

(a)

(b)

图 2-10 用于测度图像分辨率的标靶图

(a)美空军标准分辨率测试板； (b)遥感图像分辨率标定场

（3）瞬时视场角（IFOV），是指传感器内单个探测元件的受光角度或观测视野，又称为传感器的角分辨率，单位为毫弧度（mrad）或微弧度（μrad）。瞬时视场角 β 与波长 λ 和收集器的孔径 D 有关，二者的关系见式（2-3），瞬时视场角越小，空间分辨率越高。

$$\beta = \frac{\lambda}{2D} \tag{2-3}$$

2.4.2 时间分辨率

时间分辨率是指对同一地区遥感影像重复覆盖的频率。不同遥感器的时间分辨率差别很大。采用电视侦察时，每秒将产生几十帧图像。采用卫星侦察时，往往几小时或几天才能重复覆盖同一地区。

2.4.3 波谱分辨率

波谱分辨率指传感器所用的波段数目、波段波长以及波段宽度。对遥感图像来说，波谱分辨率可从数纳米到微米级。遥感全色图像覆盖整个可见光波段,其波谱分辨率为 400 nm 左右;多波段卫星图像一般都会包含典型的蓝光、绿光、红光所对应的频率范围的三个波段,有时会向近红外区扩展几个波段,波谱分辨率大致在 100 nm 以上;高光谱图像波谱分辨率一般在 3～10 nm 之间。

第3章 视觉与观察

3.1 视觉的基本知识

在对图像进行目视判读的过程中，主要是通过人的视觉系统对图像进行观察和分析，因此应该考虑到使图像质量适应视觉观察的需要。为此，首先简要地介绍视觉系统，然后再讨论视觉现象。

3.1.1 人眼睛的结构

人眼是一个相当精密、灵敏且具有高度适应性的传感器。人眼直接观察，得到的是彩色的三维图像，生动而且实时。但这种观察方式也有缺点：受观察距离和气象条件的限制，没有永久性记录，不能直接分辨出目标表面的光谱组成以及受观察人员生理、心理因素限制。从某种意义上说，各种侦察器材正是为克服人眼直接观察的不足而发展起来的，也正是人眼性能在空间、时间和光潜范围等方面的扩展。

人的眼睛是一个直径大约为 23 mm 的近似球体，它由三层膜、水晶体和玻璃体组成。如图 3-1 所示。

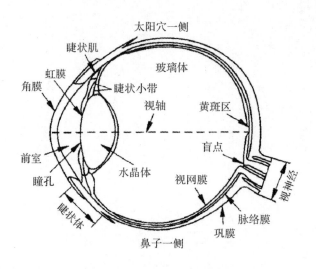

图 3-1　人眼的水平剖面图

三层膜是巩膜、脉络膜和视网膜。巩膜保持眼睛为球状并保护眼球，其前端与角膜相联。脉络膜除给眼球供血外，在其前部逐渐加厚变成睫状体和虹膜，虹膜中央有一小孔即瞳孔，瞳孔随光强变化而改变其大小，起着摄影机光圈的作用。脉络膜内是视网膜，视网膜共分十层，其中第二层对我们特别重要，因为刺激第二层便产生视觉。

水晶体是一个透明的可改变表面曲率的双凸透镜,它如同摄影机的变焦镜头。玻璃体是充满眼球的一种凝胶状透明物质。

视网膜上有两类感光细胞,即在网膜外围的圆柱细胞和绝大部分在视网膜中部的圆锥细胞。人眼中圆柱细胞超过 1 亿个,圆锥细胞约 700 万个。眼睛中视神经通入处不感光,称为盲点。视网膜中最重要的部分是黄斑,是视网膜上构像最清晰的部分。黄斑的中央是网膜窝(又叫中央凹),全部由直径最小的圆锥细胞组成,是视觉最敏感的部位。在构像的意义上说视网膜如同摄影机中的感光片,实际远不止于此。就网膜窝而言,它更像密布光敏元件的面阵列 CCD(电荷耦合器件)。眼球光学系统使眼外物体在视网膜上产生实像,感觉的强度取决于进入眼中的光通量在视网膜上产生的照度。

圆柱细胞和圆锥细胞的外层部分,由强烈吸光的物质组成。在吸收光的同时,物质发生化学分解作用,这就是视觉刺激的根源,这刺激由神经纤维传至大脑而产生视觉。

圆锥细胞和圆柱细胞在视觉的作用上有很大差异(见表 3-1)。圆锥细胞具有高分辨率的视觉和分辨颜色的色觉;圆柱细胞的视觉灵敏度比圆锥细胞高数千倍,但不能辨别颜色。对应于这两种细胞视觉上的作用,将人眼视觉响应分为:日间视觉(圆锥细胞视觉)和夜间视觉(圆柱细胞视觉)。

表 3-1 圆锥细胞和圆柱细胞特点对照

细胞类型	数量	大小/(mm)	视觉特点
圆锥细胞	700 万个	长 0.028～0.058,直径 0.0025～0.0075	高分辨率;色觉(日)
圆柱细胞	1 亿多个	长 0.04～0.06,直径 0.002	高敏感;无色觉(夜)

3.1.2 人眼视觉性能

1. 视觉适应

人眼能适应非常大的亮度范围,而瞳孔的自动放大和缩小就能起到调节进入眼睛的光量和保护网膜免受损坏的作用。在无月光的夜间,瞳孔直径可放大至 8 mm,而观看在日光照射下的白纸,瞳孔直径可缩小至 2.2 mm。视觉适应分为两种:亮适应和暗适应。当观察者完全适应了黑暗环境后,一下子进入很亮的环境时,会立即感到迷盲,大约经过 2～3 min 后,视觉可恢复到接近正常水平,10 min 后达到稳定状态,这就是亮适应。暗适应则是发生在视场亮度突然由亮到暗时的过程,这一过程要比亮适应慢得多,一般在 30 min 以上。

2. 人眼的光谱灵敏度

圆锥细胞和圆柱细胞有着不同的光谱响应特性。圆锥细胞可以产生颜色感觉,并具有较高的空间分辨能力,但它只能在较高的照度水平下工作,而圆柱细胞尽管不能感色,但它可以在较低的照度水平下工作。实验表明,当被观察面亮度低于 0.001 尼特时,则只有圆柱细胞起作用,这时的人眼的感光特性称为暗视觉(或称边缘视觉);而当被观察面的亮度大于 1 尼特时,则此时的视觉主要是圆锥细胞起作用,称为亮视觉(或称白昼视觉,中心视觉)。随着被观察面亮度的降低,两种感光细胞参加工作的情况在不断变化,人眼光效率曲线的峰值波长将逐渐地由亮视觉时的 555 nm 向暗视觉时的 510 nm 移动,这种峰值向短波方向移动的现象被称为普尔金耶效应。

3. 人眼的空间分辨率

视觉空间分辨率(又称为视觉锐度)是指眼睛分辨最小观察目标的能力。常常把视觉空间分辨率简称为视力,它有 2 种类型,一种是单眼视力,另一种是双眼视力。

单眼视力就是用一只眼睛观察目标的能力,通常用单眼能观察的最小目标对眼睛所张的角度表示其大小。一般认为,正常眼睛的视角分辨率约为 60″。因此,在眼睛明视距离处 25 cm,眼睛能察觉的最小目标的尺度约为 0.073 mm。双眼视力就是用两只眼睛同时观察目标的能力。双眼视力同单眼视力相比,最重要的特点,也是最突出的优点,是能比较准确地辨别观察目标的距离远近和深度,从而构成立体视觉。因此,双眼视力的大小是用双眼能辨别的最小深度所对应的视差角之差来衡量的。

视觉空间分辨率除与眼睛的结构有关外,还与外界景物的亮度与对比度有关。当背景亮度降低或对比度下降时,人眼分辨能力将显著下降。

4. 人眼的亮度分辨率

人眼感觉的光亮度(通常称为主观亮度)与实际光亮度是不相等的。主观亮度不单纯是物理上的反应,而且包含生理上的反应。即使进入人眼的光通量一样,如果观察的周围环境的亮度不同,人们将会有不同的亮度感觉。如具有相同亮度的物体,若处在不同的亮度背景中,它们的主观亮度将显得很不一样。

如图 3 - 2 所示,图中各个小方块的亮度实际上是相等的。但因为它们处在不同的亮度背景中,它们的主观亮度就显得不一样。这种现象叫做同时对比效应。这一效应可从生理学上作一说明,当灰色小方块周围是明亮的背景时,视网膜上受灰色激励的视觉细胞,因受其周围视觉细胞在高亮度光激励下视敏下降的影响,产生的亮度感觉有所下降。反之,若灰色小方块周围是黑暗背景,则视觉细胞对灰色的亮度感觉将有所增强。

图 3 - 2　同时对比效应

又如,如果有一组不同灰度值条带的像片,如图 3 - 3 所示,虽然每个条带内亮度的分布是均匀的,而且相邻两条带之间的亮度只相差一个固定值,但是看起来每个条带的右边要比左边显得暗一些。这种现象称为马赫带效应,因为它是马赫(Ernst Mach)在 1865 年首先阐明的。马赫带效应是由视觉系统的空间频率响应性质引起的。视觉系统对空间高频的敏感性差,因而在亮度突变处就会产生过冲现象,这种过冲(即马赫带效应)对人眼所见的景物或图像有增强其轮廓的作用。由此可见,人的视觉系统很难正确地判定实际亮度的大小。然而,实验表明,视觉系统判定相邻两个物体的亮度差异(或者称为亮度对比度)的能力是比较强的。

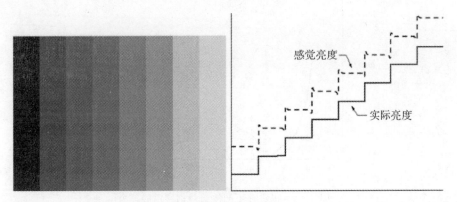

图 3-3　马赫带效应

有实验表明:①人眼感觉的亮度差(即主观亮度差)取决于在一定环境亮度条件下物体之间的相对亮度差;②虽然视觉能感觉的亮度范围相当宽,然而当眼睛已适应某一平均亮度时,能感觉的亮度范围就比较小了;③人眼最多能分辨大约 100 个亮度等级,但是在一个小区域附近,人眼通过比较能分辨的亮度等级不会超过十几级。

5.人眼的彩色分辨率

同黑白亮度相比,彩色的表现能力丰富得多。因为彩色有 3 个属性,即色别、明度和饱和度。这 3 种属性的组合将构成丰富多彩的色调等级。从另一个角度分析,彩色可以由 3 个基色(红、绿、蓝)组成。如果一个基色可以分出 16 个亮度等级,那么 3 个基色组合起来就有 16^3 =4 096 个不同的颜色。所以,彩色的表现力是非常丰富的。

视觉对彩色的分辨率有多大?人们在这方面也做过试验,结果表明,视觉辨别彩色的能力在不同波长是不一样的,如图 3-4 所示,在光谱的某些部位,只要改变 1 nm,人眼便能看出颜色的差别,但是多数可见光波谱段(大约 300 nm 的波段宽),大约能分辨波长差 2~3 毫微米的不同色光,因此视觉可以分辨出 100 多种不同的颜色。显然,视觉的彩色分辨率比黑白亮度分辨率要高得多。这就是为什么要对黑白图像进行彩色处理的原因。

3.1.3　视觉错觉现象

视觉系统所感觉到的物体的形状并不是简单的投影到视网膜上原封不动的形状,对形状的感觉受到物体自身形状及周围背景的影响。这类影响是多种多样的,有神经系统引起的错视现象也有心理因素的作用。

当出示几个图形时,互相接近的人之间对图形的感觉比较容易取得一致的看法,这里就包括有心理上的诱导作用,这种现象被称为群化法则。另一个关系到心理因素的重要问题是图形和背景的关系问题。如看到图 3-5 的图形时,首先感觉到的是图形还是背景?通过研究发现,对图形和背景的感觉与观察者的经验、态度、明暗差别以及面积的比例等各种因素都有关系。

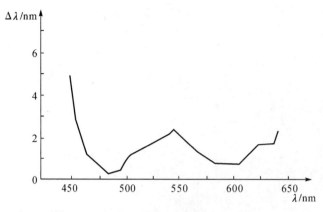

图 3-4 视觉在不同波长辨别彩色的能力

图 3-5 图和背景反转的图形

错视是视觉对图形感觉的一个重要现象。图 3-6 是几个著名的几何学的错视图形的例子。图 3-6(a) 中的黑线完全是笔直而平行的,由于斜线的影响看起来是向外弯曲的。图 3-6(b) 的红线与蓝线是长度相等的两条直线,但是在不同的图形中看上去红线显得要长;图 3-6(c) 中线段 AB 比线段 CD 略短,但由于透视关系的影响,线段 AB 看起来比线段 CD 要长。

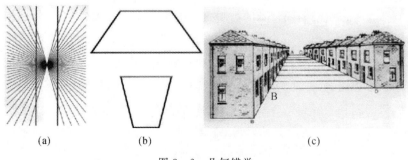

(a)   (b)   (c)

图 3-6 几何错觉

判读中,图像的大小变化经常会造成距离变化的错觉。例如,在一间暗室的屏幕上放映一张熟悉的物体的图像时,如果投影图像的大小在连续均匀地变化,观测人员就会根据图像的变大或缩小来确定它离得近还是远。即使观测人员只用一只眼睛看着屏幕,结果也是这样。

类似地,判读员在观察一张从未见过的分辨率较高的像片时,经常会产生图像比例尺比实际要高很多的错觉。因为人们都会习惯认为,图像的细部多就意味着所看到的物体比较大或离得比较近。

判读员最常遇到的一种视觉错觉是对图像所代表的目标表面的凸凹感判断。有经验的图像判读员在观察图像时常常会适当转动图像,使阴影朝向自己。即使如此,还是会经常出现把洼地看成高地(例如图 1-1 中的山谷被 ESA 专家错误地判读成了山脊),或把高地看成洼地的情况(见图 3-7)。这种错觉在进行立体观察时是不会出现的。但在只看一张像片时,往往就很明显。

(a)

(b)

图 3-7　立体错觉

(a)反立体;　(b)正立体

对于图像判读员来讲,错觉的存在意味着需要更仔细的观察,同时,经常要依赖于测量和其它无偏差的方法来判读物体。

3.2　判读的视觉要求

作为判读员,一般要求具备普通人的视力和色彩分辨能力,同时应有良好的立体视觉,即具备将左右眼视差转化为距离视觉的能力。

人在观察一个实物目标时,双眼会在视线自然交会的同时进行调焦,从而在每只眼睛的视网膜上形成一个清晰的影像,这两个影像由于观察点不同而具备视差。进一步,这两个影像在头脑中合成为一个影像,并形成了一个有实体感并且处于一定空间深度的影像。这个过程称为天然立体观察。利用立体像对立体进行观察时,双眼分别观察有视差的图像以模拟从不同视点观察实物,从而形成人造的立体影像。这个过程称为人造立体观察。

图像判读中,为了看出立体对象的三维图像来,判读员必须用两只眼睛分别看略有差别的两张图像,即右眼不能看左边的图像,左眼也不能看右边的图像。但人眼的视线交会和调焦这两个动作是同时出现的。在没有工具的情况下,双眼若分别观察左右图像,视线是近乎平行的甚至发散的,可能不会交汇或在比实际距离更远的地方交汇,从而会因为无法实现正确的调焦而看不清图像。有的判读员可以不用立体镜,而是通过想象看着像片以外的一个点而使视轴平行来观看立体象对。当视轴保持平行时,他们就可以逐渐将其眼睛聚焦在像片上,从而实现立体观察(见图3-8)。这种方法称为裸眼立体观察。

图3-8　用于训练裸眼立体观察的图像对

方法：双眼分别观察上方的白点，想象双眼在看远处的一个点，直到看到在两个白点之间出现第 3 个点时，中间的那幅图像就是立体的。

裸眼立体观察的过程暂时破坏了人眼的调焦和会聚关系，不适于长期使用。其另一个缺点是，这种方法只能用来观察基线距离与眼睛瞳间距近似的立体像对，换言之，对于尺寸稍大一点儿的图像，就无法用此方法观察。因为普通人的瞳间距为 6 cm 左右，所以出现在印刷物中用于裸眼观察的立体像对，经常是由两张紧贴在一起的、宽 6 cm 左右的立体图像组成。如果图像太宽，就无法进行裸眼立体观察了。解决这一问题可以借助立体镜等专门的工具，后文将作进一步介绍。

立体视觉并不是任何人都有的能力，而且每个人的立体视觉程度是各不相同的。立体视觉的基础是双眼对视差角度的敏感性。正常人平均可以看到 2″ 或 2″ 多的视差角度。此外，进行立体观察时，两只眼睛必须看视角、方位、色彩（黑白图像、色调）、清晰度、形状和大小都略有不同的两张图像。如果两只眼睛看到的图像很不一样，大脑就会排除一张图像，或者看到两张有重影的图像。这个结果可能与观察者眼睛的缺陷有关。也就是说，判读人员不必视力非常好，但两只眼睛必须具有一样或近似于相同的视觉。

3.3　普通观察

3.3.1　直接观察

直接观察就是不借助任何观察工具，仅依靠眼睛的视觉能力，直接来观察空中照片上的各种目标图像。

实验证明，正常人的眼睛分辨本领为 60″，据此可以了解在各种比例尺的空中照片上，眼睛所能分辨出的最小目标。但是，眼睛分辨本领的数值，与目标的形状、观察时的照明条件以及目标的反差大小有关。实验证明，眼睛对线状物体的辨别能力要比对点状物体的辨别能力强。当照明条件和目标的反差情况不同时，眼睛的分辨本领也就不同。由此可知，在判读时要分析在空中照片上眼睛所能分辨出的最小目标，还必须区别不同的情况，分别对待。

采用直接观察法观察空中照片，除了要了解眼睛的分辨本领外，还应该考虑到镜头和胶卷的分辨率，镜头和胶卷分辨率的好坏，将直接影响判读的效果，分辨率愈高，则空中照片的清晰度愈好，目标的细部图像就呈现得愈清晰。

镜头分辨率是以镜头能拍摄的线条作为衡量的根据。镜头拍摄的一幅含有许多大小不同的线条组图形〔见图 2-10(a)〕，每一组线条由三条长度五倍于宽度的黑线条组成，三条黑线条之间有两道白线。镜头的分辨率就是由它能将黑线之间区别开来的最小线条组来决定的。

胶卷的质量也是用它的分辨率来衡量的。胶卷的分辨率通常包括高对比度和低对比度两个方面。如柯达 2402 胶卷，在对比度 1 000∶1 时的分辨率为 160 线对/mm；在对比度1.6∶1时的分辨率为 50 线对/mm。空中照相目标大都为低对比度景物，所以低对比度的胶卷分辨率更有实际意义。

目前使用的空中照相机镜头的分辨率（中心部分），一般为 30～140 线对/mm；胶卷的分辨率一般为 70 条线左右。由此可见，镜头和胶卷的分辨率都比眼睛的分辨本领高，这说明了在空中照片上不仅包含了眼睛所能观察到的最小目标，而且还包含有眼睛所不能辨别的细小目标。

空中照片上目标图像的清晰程度,除了主要取决于镜头和胶卷的分辨本领外,还与景物的反差、曝光时间和洗印条件等因素有关。

在观察空中照片时,为了获得良好的判读效果以及不影响眼睛的视力,应注意如下事项:

(1)室内光线应尽量充足,在不耀眼的情况下,可以迎光进行观察。如果利用灯光照明进行观察时,光源与空中照片之间应保持适当的距离,照度大约为 50~100 lx,并应尽量避免反光和消除灯光照射所产生的阴影。

(2)观察时应不让光源刺激眼睛,以免产生目眩,因为目眩会造成眼睛在一定的时间内不能恢复原来的视力。

(3)为避免出现目标形状立体判断上的错觉,可试着旋转照片,比较从不同方向观察时得到的立体感觉,并用照片内容去检验其合理性。一些资料把"目标阴影朝向自己"作为避免错误的基本原则。但实际上,产生错觉时,往往发现阴影已经朝向自己了,常常是把图像旋转180°后才发现在"阴影属于谁"的问题上出现了错误,这一点从图3-7即可得到印证。

对数字图像的观察,一般在计算机屏幕上参照上述原则进行。

3.3.2 放大观察

放大观察,就是借助光学放大仪器来观察空中照片上的目标图像。因为眼睛辨别目标图像的能力是有一定限度的,当目标的图像太小时,若用眼睛直接观察,就很难辨别清楚,这时就需要借助光学放大仪器来观察。

放大镜是放大观察的主要仪器。它使用简便,最适合对中、小比例尺空中照片的判读。

判读用的放大镜的放大倍数一般为2~10倍,有的可达几十倍。不同倍数的放大镜,它们的功用也不同。2倍放大镜通常只作为一般性的观察,这种放大镜的观察范围较广,可供双眼观察,在观察时不至于使眼睛过早感到疲劳。4倍放大镜最适合对细小目标进行观察,它能将细微的图像放大到最清晰的程度。因为目前所使用的镜头和胶卷的分辨率通常较眼睛的分辨率约高4~5倍,所以使用4倍的放大镜最为适用。如果镜头和胶卷的分辨率较高,也可使用8倍或8倍以上的放大镜。在选用放大镜时,必须根据镜头和胶卷的分辨率来确定。镜头和胶卷的分辨率高,应选用倍数较大的放大镜,反之,则选用倍数较小的放大镜。

如果使用手柄式放大镜观察时,放大镜与空中照片之间还应相隔一定的距离,以便得到清晰的图像。例如,使用2倍的手柄式放大镜时,放大镜与空中照片之间的距离大约为12 cm。此外,还可以利用幻灯机、投影仪等设备,把空中照片(底片)上的目标图像放大投影到银幕或屏幕上,供集体观察研究。

对数字图像的观察,通常在计算机上使用图像显示软件实现。遥感图像一般都幅面较大,为了快速找到目标,常常需要将图像缩小观察。图像缩小显示时,显示软件对图像进行了亚采样,很多软件为了提高运算速度而采用了最近邻法插值算法(如果软件可设置此项的话,建议采用双线性插值算法),其本质是直接抽走一些像素而保留一部分像素。这时,如果选择的缩小比例不当,会出现人为的图像畸变(如锯齿效应),一些图像细节会明显变形。为此,通常建议按 $1/n$ 的比例显示图像(n 为整数),如缩小到1/2,1/3,1/4 等。在研究图像细节时,以原始分辨率显示图像就有明显的放大效果,进一步的图像放大将引入插值产生的附加像素,图像反而会变得模糊。对于有些本来分辨率不高的图像,为了与其它图像对比观察或对局部重点观察而不得不进行图像放大时,要避免选用最近邻法插值算法,以免出现块效应。

3.4　立体观察

立体观察就是利用两张从不同角度对同一地区拍摄的照片(称立体照片或立体像对),按照一定的规则进行观察,把地面具有立体形状的物体图像,形成高低起伏的立体感觉,以恢复其原来的立体形态。这种方法,对于详细研究地形、永备筑城和伪装目标等,能提供极为有利的条件。所以,它是判读空中照片的一种主要的观察方法。

3.4.1　立体观察的基本原理

立体观察是根据眼睛的立体视觉原理进行的,必须是在连续拍摄的两张空中照片的重叠部分上进行。这种照片是在同一照相高度,从两个不同角度对同一地区拍摄的〔见图 3 - 9(a)〕,所以同一物体在两张空中照片上就呈现出互有差别的图像,并具有不同的左右视差,这样它就符合了立体视觉所必须具备的条件,可用来进行立体观察。假若用两眼代替镜头,分别各看一张照片〔见图 3 - 9(b)〕,则各像点在眼睛网膜上所形成的图像,同样会形成不同的生理视差而获得物体的立体效应。

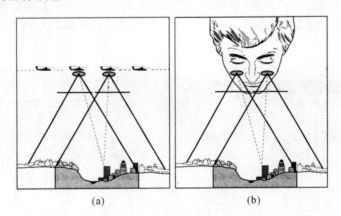

(a)　　　　　　　　(b)

图 3 - 9　立体观察的原理

(a)立体像对的获取;　(b)立体观察

根据上述立体观察的原理,在进行立体观察时,为了获得正确而良好的立体效果,必须具备以下条件:

(1)两张空中照片必须是在同样高度上、从两个角度对同一物体所拍摄的。

(2)两张空中照片应按照相应位置放置,并且在观察时,必须每只眼睛各看一张照片,即右眼看右边的照片,左眼看左边的照片,不能用一只眼睛同时观察两张照片。

(3)眼基线与两张照片上相同物体的图像的连线,应基本位于同一平面上,并使相应视线能成对相交(交会)。

(4)两张空中照片比例尺的差别不得超过 16%,如超过该数,则两张照片内的同一物体会出现一大一小,而不能很好重合,无法建立立体模型。

3.4.2 立体观察的辅助手段

前述立体观察条件中,条件(1),(4)是对立体像对的要求,而条件(2),(3)是对观察方法的要求。进行裸眼立体观察时,要达到分像(即条件(2))要求,必须双眼视线平行,从而难以实现自然调焦,而要达到视线交会(条件(3))要求,就不能图像太大。为了解决这些问题,不得不借助的立体观察辅助手段。常用的手段包括立体镜法、互补色法、液晶闪闭法和偏振光法等。

1. 光学立体镜

目前常用的光学立体镜,有透镜式立体镜、反光式立体镜。其原理是利用透镜式立体镜如图 3-10 所示,由两片相隔一定距离的安装在"桥"上的透镜组成,也称桥式立体镜。它利用透镜孔的视线限制实现分像观察,同时利用透镜让两幅图像的虚像靠近从而实现视线交会。这种立体镜的优点:体积小、结构紧凑、携带方便、价钱便宜。它的缺点是观察的视场范围受限,并未解决可供观察的图像太小的问题。

反光式立体镜(见图 3-11)与透镜式立体镜相似,它是由两组反射镜或棱镜与反射镜和两组透镜(有的没有透镜)组成。它本质上是通过不同光路进行分像观察,同时利用两次 45°的反射将两张较大尺寸的图像的虚像近似重叠放置而解决视线的自然交汇问题。这种立体镜有以下优点:其观察基线是以外面两片反光镜的中心计算的,一般比眼基线要大 4 倍(25 cm),适应于观察像幅较大的空中照片,立体像对全部和大部分立体区域都可在低放大倍率下看到;放大率较大时,只要移动立体镜就可以看到照片上任何立体区域的立体情况,而不必抬高、移动或剪裁照片。

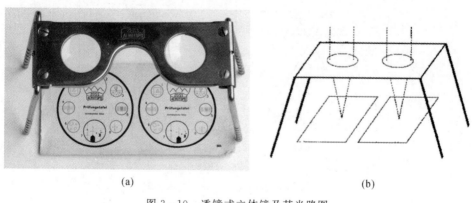

(a)   (b)

图 3-10 透镜式立体镜及其光路图

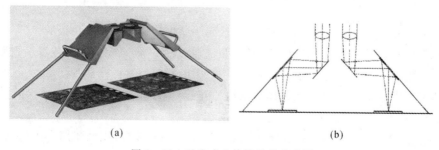

(a)   (b)

图 3-11 反光式立体镜及其光路图

2.互补色立体眼镜

　　互补色立体观察法是将立体像对的两张像片分别以补色印刷或投影在一起,观察者则通过补色眼镜观察,达到每眼各看一像的目的。通常使用的互补色是红色和蓝绿色。在印刷时,一张像片印成白底红像,另一张像片则应印成白底蓝绿像,然后两张像片合在一起印刷。在投影的情况下,一张像片被投影为红底黑像,另一张像片则被投影为蓝绿底黑像(见图 3 - 12)。观察者通过相应补色的眼镜(见图 3 - 13),戴红色镜片的眼睛则只能看到印刷像片上的蓝绿图像或投影图像中的红底黑像,而戴蓝绿色镜片的眼睛只能接收印刷像片上的红色图像或投影图像中的蓝绿底黑像,这就达到了分像的目的。

(a)

(b)

图 3 - 12　两幅红蓝立体图像

(a)水库及周边地形;　(b)火山

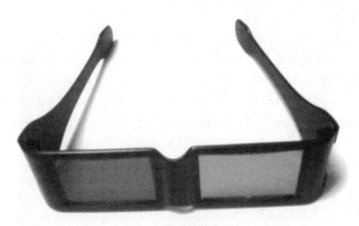

图 3-13　红蓝立体眼镜

互补色法由于所观察的立体像对是重叠印刷或重叠投影的,所以在观察时不存在交会调节习惯的矛盾。互补色法分像是一个与观察者色感无关的物理过程,所以即使是色盲也有可能进行互补色的立体观察。

互补色立体观察法的显著优点是:成本便宜,易实现;既适合于印刷品观察,又适合于屏幕观察。其缺点:合成的立体图像存在色彩失真,不适合看某些彩色图像;互补色眼镜会导致两眼只受单色光刺激,观察时间太长会对眼睛有损伤。

3.偏光立体眼镜

偏振光法是利用光的极化区分重叠投影的立体像对图像,通过检偏镜进行观察达到分像的目的。使光线产生极化的晶体镜片便是偏光片。在被极化的光路上放置另一个电气石晶体镜片,便成为检偏镜。在射向承影板的光路上,对左右光束分别使其经过偏振平面互相垂直的两个偏光片,则投影在承影板上的便是极性不同的重叠图像,其反射光线自然也是极性不同的。观察者通过相应的两偏振平面互相垂直的检偏镜,可使两眼都只分别看到与检偏镜极性相同的图像,从而达到分像的目的(见图 3-14)。

偏振光法的优点是它不仅可以观察黑白图像,而且可以观察彩色图像。但是它不适用于观察印刷像片和电脑显示屏上的图像,只适用于投影图像,而且对投影设备要求较高。

图 3-14　偏光立体镜工作原理

4．交替光阑法

交替光阑法也称液晶闪闭法、光闸法。这种方法是使用光闸使左右图像交替出现在屏幕上，观察者也通过光闸装置使左右眼交替观察屏幕图像。显然为达到分像目的，投影光路上与观察光路上的光闸必须同步工作。为了不产生闪烁的感觉，光闸启闭的频率必须足够高，以使相邻两次图像出现的时间间隔远小于眼睛惰性形成的图像保留时间。

交替光阑法的优点：可用于各种成像设备，如投影仪、液晶显示器等，目前的各种 3D 电视和 3D 投影仪大多采用这种方式；只需要一个图像输出设备，看到的图像亮度高。缺点：显示设备需高频率交替显示不同内容，有较高的成本；眼镜需要同步交替启闭，必须是有源的，也有较高成本。

3.4.3　像对立体观察的效果

在进行立体观察时，能否得到良好的立体效果，取决于立体观察所应具备的基本条件。如果符合这些条件，就可以得到正确而良好的立体效果，反之，就可能产生反立体、零立体和双影等现象。在满足像对立体观察基本条件的情况下，由于像片放置的位置不同可产生不同的效果，即可能产生正立体、反立体、零立体效应、双影等结果。

1．正立体

把两张具有航向或旁向重叠的摄图像片，按摄影时的左右顺序平放在桌面上，并使两张像片的相应地物连线与观察基线平行，然后在立体镜下两眼分别观察两张像片，调整两张像片的距离，当两眼看到两个相同地物图像在空中完全重合时，就得到与地面起伏相一致的立体模型，即所谓正立体。如图 3-15（a）所示。在此基础上将立体像对的两张像片作为一个整体，在其自身平面内旋转 180°，观察位置不变。使左眼看右像、右眼看左像，得到的仍是正立体，仅方位相差 180°。

2．反立体

如把图 3-15（a）中的两张像片左右互换，或者各自旋转 180°，则得到反立体。如图 3-15（b）所示，此时立体观察，原来凸出地面的部分凹下去，原来凹下去的却凸出来。人们有观察突出地面地物比观察低于地面地物清楚的习惯，所以有的人在观察沟谷、洼地等负向地貌时，采用反立体观察，以助于迅速准确地判读。

3．零立体

在正立体情况下两张像片分别旋转 90°时，左右视差为零，立体效应消失，成为一个平面，这就是所谓的零立体。

4．双影

在观察时，两张像片上相同物体的图像不能完全重合，就形成双影。产生的原因主要有两种：一是当两张空中像片上相同物体图像的距离大于眼基线时，相同物体图像的相应视线不能成对相交，因此两个图像就不能重合，而产生双影；二是当空中像片的比例尺的差别或照相基线很大时，一些高度较高的物体的顶点，就会呈现双影，这是因为这些点的交会角太大，而肉眼不能正常地感觉到。

5．超高感

在航空摄影像片立体观察中，有时感到立体模型的起伏形态比实际地形陡或缓。这种现象是由于立体模型的水平比例尺小于或大于垂直比例尺而产生的。当立体模型的垂直比例尺大于水平比例尺，即立体模型比实际地形显得陡时，称为超高感，或垂直夸张。

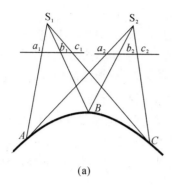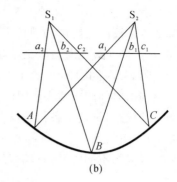

(a)   (b)

图 3-15 正反立体效应

(a)正立体； (b)反立体

  产生超高感的原因是立体观察仪器的主距和摄影机焦距不一致。如果立体观察中放大倍率为1,观察主距为 d,眼基线为 b,摄影基线为 B,航摄仪焦距为 f,则立体模型的垂直比例尺和水平比例尺分别为

$$\frac{1}{m_{垂}}=\frac{d}{f}\frac{b}{B} \tag{3-1}$$

$$\frac{1}{m_{水}}=\frac{b}{B} \tag{3-2}$$

  垂直比例尺与水平比例尺之比为立体模型的高程变形率:

$$K=\frac{1}{m_{垂}}\Big/\frac{1}{m_{水}} \tag{3-3}$$

  航空摄影时,为了得到较大的基高比,一般采用短焦距镜头进行摄影,所以对航空摄影图像进行立体观察时,往往会产生超高感。例如, $f=70\ \text{mm}$, $d=250\ \text{mm}$,立体模型垂直比例尺比水平比例尺大 3.5 倍,模型的起伏比实地明显。当观察主距小于航摄仪焦距时,模型的起伏比实地要矮。如图 3-16 所示。

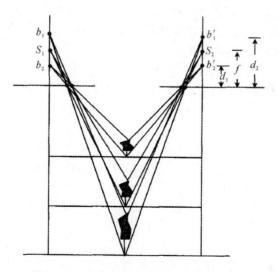

图 3-16 观察主距不同造成的高度感不同

　　需要指出的是，上文对几种立体观察效果的解释均是基于裸眼立体观察的原理给出的。前面给出的四种立体观察辅助手段中，只有立体镜法与之一致，即改变左右图像的位置关系必然会造成反立体现象。而这一规律并不能直接用于采用互补色法、液晶闪闭法和偏振光法的立体观察中。因为互补色法、液晶闪闭法和偏振光法的立体观察都是将左右图像叠加显示在同一个平面上，其视线交会的几何关系与裸眼立体观察的略有不同。在不改变左右镜片位置关系的前提下，平移左右图像，只会改变观察的基线距离，靠成基高比的变化，从而实现立体图像"入屏"或"出屏"程度的变化（同样的效果也可以通过改变观察者与显示屏的距离来实现）。而一旦交换左右镜片的关系，将直接形成立体翻转，出现反立体现象（见图 3 - 17），使原来"走出"屏幕的物体会"进入"屏幕。因为交换左右镜片后，左眼只能看右图，而右眼只能看左图，其效果类似于图 3 - 15 的情况。同样，若对两图像同时作 180°旋转，也会出现反立体效果。

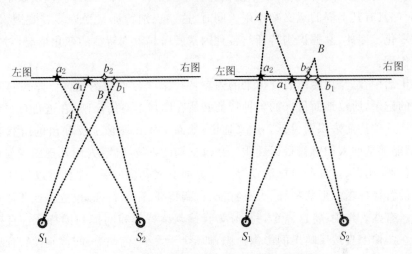

图 3 - 17　交换左右镜片造成立体翻转的原理

第4章 识别特征及其运用

4.1 目标的识别特征

目标的识别特征是图像判读的基本依据。各个识别特征从不同的侧面反映了目标的性质和状况，因而都具有其不同的意义和作用。同时，这些识别特征又受许多客观因素的影响，会产生一定的变化。因此，掌握识别特征与各种因素所引起识别特征的变化情况，对于判读目标有很重要的作用。

在日常生活中，总是用物体表现出来的固有特征来区分不同的物体。图像是对地面物体电磁波辐射的记录，所以地面目标的各种特征必然在图像上有所反映，在进行目视判读时我们同样也可以用这些特征来识别目标。广义地说，地面物体在图像上反映出的所有影像特征或影像标志，都能够帮助人们解释目标性质。经过长期的判读实践，人们发现图像与相应目标在形状、大小、色调、阴影、位置和目标活动等六个方面有密切的联系，并且可以用这六个特征概括地物所有的解译标志。形状特征、大小特征、色调特征、阴影特征、位置特征和活动特征统称为判读特征。有些著作中，将这六个特征分为直接判读特征和间接判读特征。直接判读特征是物体特性在图像上直接反映出的影像标志，如形状、大小、色调等；间接判读特征则是目标与其它物体相互作用所形成的影像标志，如阴影、位置布局、活动等特征。

4.1.1 形状特征

形状特征是指物体影像的外部轮廓和细部状况。它是识别目标的重要依据。

1. 形状特征在图像判读中的作用

人们在日常生活中，对于经常见到的东西，之所以能够分辨出这个是什么，那个是什么，首先就是根据这些东西的外形来确认的。很多时候，仅仅靠形状特征就可以识别物体。例如，汽车和火车，不管它们是什么颜色，也不管它们的体积大小，人们一见到它们，就能很自然地根据它们的外形把它们认出来。物体的外形是物体性质的一种表现，它反映了物体类型和功用等方面的特性，因此形状特征就成为人们认识物体的重要依据。它是目视判读的主要特征之一。地物的外部轮廓不同，对应的影像形状也不相同。公路、铁路、河渠等在图像上为带状影像，运动场则为明显的椭圆形影像（见图 4-1 和图 4-2）。

当物体反映到空中照片上的时候，其影像的形状和人们在地面上常见的物体的形状并不完全相同。人们在地面上观察物体的时候，眼睛的视线通常是平视的，因此看见的主要是物体的侧面形状（见图 4-3），而航空和航天照相是从物体的上方进行拍摄的，照片上的影像反映的主要是物体的顶部形状（见图 4-4）。

图 4－1　运动场中主要场地的形状特征

图 4－2　体育场的形状特征

图 4 - 3　平视角度的典型照片

图 4 - 4　与图 4 - 3 对应区域的空中照片

　　在进行倾斜空中照相或全景空中照相时,物体反映在照片上的影像更为复杂,其形状不仅因物体的不同而不同,而且还因物体影像在照片上的位置不同而不同。如树木、油罐、房屋等反映在倾斜照片上,主要是侧面形状、顶部形状。物体反映在空中照片上的形状,还受着地形起伏和物体高度等许多因素的影响。如果把物体反映在空中照片上的顶部形状当做是物体的标准形状,凡是与顶部形状不同的都称其为变形,那么在航空和航天照片上,物体形状的变形实际上是经常存在的。因此,研究目标影像的变形,对于图像判读来说是十分重要的。

2.照片上目标形状的变形

在空中照片上,目标影像产生变形主要有两个原因,即地形的起伏和照相机镜头光轴的倾斜。由于地面并不是绝对平坦的,它总有高低起伏,地面上的许多物体,又总是高出地面,或者凹于地面,因此在照片上,因地形起伏所引起的目标影像变形,是经常存在的;同时在进行空中照相时,由于种种原因,不可能保持照相机镜头光轴绝对垂直于地面,或多或少地带有一定程度的倾斜,有时为了需要,还专门进行倾斜或全景照相,由于照相机镜头光轴倾斜所引起的目标影像变形,也是经常存在的。

(1)平台姿态对形状特征的影响。在侦察成像时,由于各种原因使侦察平台将不可避免地出现侧滚或俯仰现象,由此得到的图像称为倾斜图像。图像倾斜使地物发生变形,且变形的程度随着倾斜角的增大而增大,它破坏了影像形状和地物形状的相似性。幸运的是,航空、航天侦察图像一般是在近似垂直姿态下取得的,图像倾斜比较小,它引起的形状变形对目视判读的影响较小,在判读时一般可不予考虑。为了达到特种目的,也常采用大倾斜角侦察成像。如为了获取立体图像,CCD传感器的前、后、左、右倾斜;为了提高分辨率,雷达则采用侧视方式对地面成像。对于这些图像,在判读时应根据其成像特点来考虑图像倾斜对形状特征的影响。

(2)投影误差对形状特征的影响。投影误差是由地形起伏或地物高差引起的影像移位。移位的大小不仅与地物的高差有关,而且还与其在图像上的位置和成像方式有关。高于地面的目标,除侧视雷达图像外,在其它图像上都是背向底点方向移位。显然影像移位将引起影像形状的变化。投影误差对形状特征的影响主要表现在三个方面:

1)同一类物体在图像上不同位置时,其影像形状是不同的。位于斜坡上的物体,由于其上边和下边的高度不同,其影像形状将产生变形,且斜面坡度越大,变形越大。

2)山坡在图像上的影像会被压缩或拉长。在侧视雷达图像上,面向底点的坡面被压缩,背向底点的坡面被拉长;在其它图像上变形规律正好相反。

3)高于地面物体的影像移位,会压盖或遮挡其它地物,且破坏了影像与地物的相似性,对单幅图像的判读和量测是不利的;但是,也有其有利的一面,而且利远大于弊。例如,高于地面物体的影像移位构成了立体观察的基础,由于它的存在可以让判读员在图像上如临其境地观察地物;能反映地物的侧面形状;根据移位的大小可以确定地物的高度。

(3)传感器特性对形状特征的影响。不同类型的遥感图像有不同的投影方式,同时也具有不同的影像变形规律。

3.垂直画幅式照片上影像形状的变化

在垂直画幅式照片上影像形状的变化,决定于目标的高度和目标在照片上所处的位置。根据中心投影的原理,点和平行于像面的直线(包括平行直线和射线束)以及曲线的投影仍然是点、直线和曲线(见图4-5)。因此平面的目标,反映在垂直照片上的形状,与地面相应目标的顶部形状基本一致。如地面上有两条道路以某种角度相交,它反映在垂直画幅式照片上,也必然以相应的角度相交;半圆形的广场,仍为半圆形。所以,在垂直画幅式照片上,平面的目标,其影像不发生变形,仍呈现出目标的顶部形状。

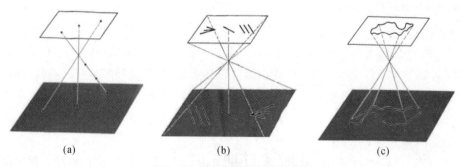

图 4-5　点、直线和曲线的投影

　　根据中心投影的原理,垂直于地面的直线,其投影有两种情况(见图 4-6)。一种情况是,当直线的延长线不通过投影中心(也就是镜头中心)时,直线的投影还是直线;另一种情况是,当直线的延长线通过投影中心时,直线的投影就变成点。因此,地面上的垂直线状目标,反映在垂直画幅式照片上的形状,决定于目标在照片上所处的位置。位于像主点(镜头光轴与像面垂直的交点)上的目标,由于照相时目标延长线通过镜头中心,只能照到目标的顶部,所以反映在照片上仅是目标的顶部形状。

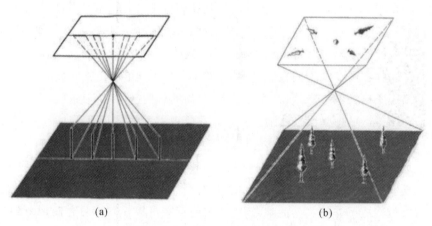

图 4-6　垂直线状目标在垂直画幅式照片上的形状变化

　　根据中心投影的原理,垂直面的投影如图 4-7 所示。当垂直面位于像主点时,在垂直照片上是它的顶部形状,呈现为一条直线;位于其他位置时,由于垂直面的顶部产生了位移,所以不仅有顶部形状,而且有其侧面形状。如果垂直面的两端与像主点的距离相等(即位移值相等),则呈现为一个等腰梯形;两端与像主点的距离不相等(即位移值不等),则呈现为一个不规则的梯形,离像主点近的边,长度短;离像主点远的边,长度长。

　　立体目标在垂直画幅式照片上的形状变化比较复杂。因为立体目标是由几个面组成的,面的形状变化,必然会引起整个目标的形状变化,所以研究了面的形状变化后,就可以看出立体目标的形状变化情况。图 4-8 表示了垂直画幅式照片上房屋的形状变化情况。房屋位于像主点时,只呈现出房屋的顶部形状。当房屋位于照片的其他位置时,除了呈现出顶部形状外,还呈现出对着像主点的侧面形状,如果将其侧面影像的各个线段自顶点向底点延长,则都相交在像底点上。

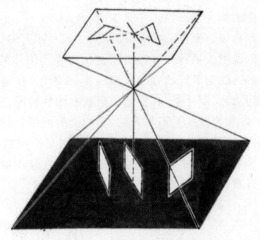

图 4 - 7　垂直面的投影

根据以上分析,高出地面的目标,反映在垂直画幅式照片上的影像形状,均符合下列基本规则:

(1)位于照片像主点处的目标,所呈现的都是目标顶部的形状。

(2)位于照片像主点以外的目标,所呈现的是目标的顶部和侧面形状,成为以像底点(也是像主点)为中心,向外倾斜的状态,并且愈接近照片边缘和目标愈高,其侧面形状愈显著。

(3)将目标侧面影像的顶点与底点连成直线,并使之延长,便相交于照片的像底点(也是像主点)。

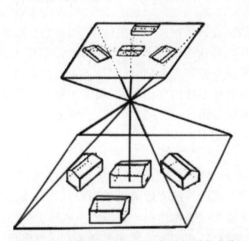

图 4 - 8　垂直画幅式照片上房屋的形状变化

低于地面的目标,反映在垂直画幅式照片上的形状,也基本上符合上述规则,只是变形后,像点位移的方向不同。高出地面的目标,像点位移由像底点(也是像主点)向外移动,而低于地面的目标,像点位移由外向着像底点(也是像主点)移动。

4.倾斜画幅式照片上影像形状的变化

倾斜画幅式照片最主要的特点是照片比例尺不一致,呈由近景线向远景线逐渐缩小的状态。这是造成目标影像变形的主要原因。

根据中心投影的原理和倾斜照片的特点,处在同一水平面上的目标影像的变形,可用间隔相等的平行线的投影加以说明。平行线可以看成是顶点在无限远的射线束,因此其顶点的中心光线也可以看成是与平行线相平行的直线。如图4-9所示,在同一水平面上有数条间隔相等的平行线,反映在倾斜画幅式照片上,其影像的形状有两种情况:一种是,当像面与平行线顶点的中心光线相交时,平行线的投影是不平行的,呈相交的射线(见图4-9(a));另一种是,当像面与平行线顶点的中心光线平行时,平行线的投影还是平行的,但间隔距离会发生变化(图4-9(b))。因此,平行的线状目标,如公路、铁路,反映在倾斜照片上有时不平行;方形的田地,会变成梯形或菱形;圆形的水池会变成椭圆形等等。

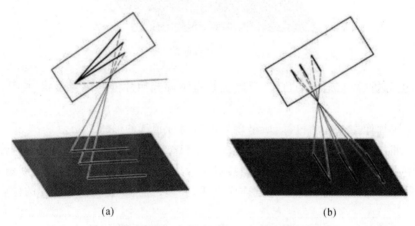

(a)   (b)

图4-9　间隔相等的平行线在倾斜像面上的投影

高出地面的目标,反映在倾斜画幅式照片上的形状,就是目标的顶部和侧面形状。当照相机倾斜角增大时,目标的顶部形状逐渐缩小,而侧面形状逐渐增大,如果将其侧面影像的各线段自顶点向底点延长,则相交在像底点上(倾斜照片上像底点和像主点是分开的)。

在倾斜画幅式照片上,目标形状的变化程度,随着照相高度的变化和照相机倾斜角的大小而定。照相高度低,照相机倾斜角大,变形就大;反之,变形就小。

4.1.2　大小特征

大小特征是物体的大小反映在图像上的影像尺寸。确定物体的实际大小不仅是目视判读的任务之一,而且也是判定目标性质的有效辅助手段。地物的大小特征主要取决于图像比例尺。有了图像的比例尺,就能够建立物体和影像的大小联系。但是,在一般情况下判读人员被告知的比例尺是近似或平均数值,在实际的判读中判读员应该比较准确地测定像片的比例尺,以尽可能精确地确定地物尺寸。

在图像判读学中,大小特征是指地面物体的尺寸。在画幅式照片上判定目标的大小,通常是根据照片的比例尺和目标影像的尺寸,经过计算求出目标的实际大小。

1.大小特征在图像判读中的作用

目标的大小对判读有着重要的作用,它是确定目标类型和判明目标性质的重要依据之一。

因为有些目标反映在照片上,形状非常相似,但大小却完全不同。目标的大小不同,通常也反映了它们性质上的差别,尤其是在军事目标中,这种情况更为普遍(见图 4 - 10)。此外,通过测量目标影像的尺寸,还可以计算目标的长度、宽度、高度、面积和容量等,这也是图像判读的重要内容。

图 4 - 10　不同飞机的大小特征

2.大小特征与各种因素的关系

运用大小特征判明目标的性质和类型,必须知道照片的比例尺。因为照片上的影像都是地面目标按照一定的比例缩小以后反映到照片上来的,而照片比例尺又往往受着许多因素的影响,所以要正确地运用大小特征判读目标,还必须了解影响目标影像大小的各种因素。

(1)目标影像大小与地形起伏的关系。在实施照相时,照相高度是影响照片比例尺大小的一个重要因素。照相高度愈高,照片比例尺愈小;反之则愈大。因此,同样大小的目标如果处在起伏不平的地面上,其影像的大小就会有差别。目标所处的地面高,照相时离飞机的距离就近,照片的比例尺就大,目标的影像也大;反之,照片的比例尺就小,目标的影像也小。因此,在判读处于高地或凹地上的目标时,应当按照目标所在地面的实际高程求出准确的照片比例尺,才能运用大小特征来判读目标。

(2)目标影像大小与照相机倾斜的关系。在倾斜空中照片上,除了与主景线平行的各水平线上的比例尺各自相同外,其余各部分和各方向的比例尺都不相同。所以地面上同样大小的目标,反映在倾斜照片的不同位置上,其影像大小也不一致。如图 4 - 11 所示,图 4 - 11(a)是倾斜照片所包容的实地面积,图 4 - 11(b)是图 4 - 11(a)在倾斜照片上的反映。假如将倾斜照片所包容的实地面积划分成若干相等的方形网格,则反映在倾斜照片上,这些网格就会按照倾斜照片比例尺的变化规律,变成大小不等的梯形网络,而且愈趋向远景线,网格愈小;愈趋向近景线,网格就愈大。这就说明了,要在倾斜照片上运用大小特征来识别目标,必须求出目标所在位置的照片比例尺(见图 4-12)。

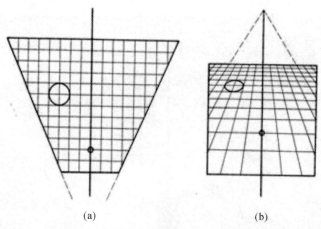

(a)　　　　　　　　　(b)

图 4-11　地面同样大小的目标在倾斜照片上影像大小的变化情况
(a)实际包容范围;　(b)照片上的大小关系

(3)地物和背景的反差有时也影响大小特征。当景物很亮而背景较暗时,由于光晕现象,影像尺寸往往大于实际应有的尺寸。如在全色图像上的林间小路,由于和背景的亮度差较大,其影像宽度往往大于理论宽度。在田间同样宽度的水渠,由于修筑材料的不同,影像宽度可能是不同的。侧视雷达图像上的铁路,其影像宽度一般都大于它的理论值,使得铁路非常明显。

因为地物是三维空间物体,而影像则是二维的,所以在观察像片时,影像的大小和地物的大小有时是不对应的。如一个高大的水塔,当位于像片中心时,影像很小,这个影像只反映了水塔顶部的大小,并没有表现水塔的真实尺寸。在进行判读时,为了全面了解地物的空间尺寸,必须进行立体观察。

图 4-12　倾斜照片上的目标大小特征

4.1.3　色调特征

色调特征是指地物在图像上表现出的不同灰度层次或颜色。遥感图像分为黑白图像和彩色图像两种,黑白图像以不同深浅的灰度层次来表示地物,彩色图像则是用颜色或色彩来描述物体。地物的形状、大小或其它特征都是通过不同的色调表现出来的。

1. 色调特征在图像判读中的作用

在日常生活中,人们所以能够区分物体,除了依据物体本身的形状、大小外,还有一个重要的特征,就是物体的颜色。例如,将一张白纸贴在白墙上,远看就不容易分辨,如果是红色的或蓝色的纸,就很容易分辨出来,这是因为它们相互之间有了颜色上的差别。应用在照片上也是这个道理。不同颜色的物体反映在照片上也有它不同的色调,相互间构成了一定的色调差别,这种色调差别就是在照片上判读目标的基础。

色调特征不仅能够帮助人们分辨目标,还能够显现出某些目标的性质。在同一张照片上,水泥路面就比煤渣路面色调浅;针叶树的色调比阔叶树深等等。

根据色调特征还能揭露目标的某些伪装情况。例如,对一个用伪装网伪装的目标,用不同的感光材料(全色胶卷、红外胶卷等)进行照相,然后将这些照片进行分析对比,就可以看出由于感光材料的性能不同,伪装目标反映在这些照片上的色调也不同,从这些不同色调的对比中,就可以揭露目标的伪装,从而达到判明目标性质的目的。

2. 色调特征与各种因素的关系

色调特征虽然是识别物体的一个依据,但是在照片上根据色调来区别目标的性质,比日常生活中根据颜色来分辨物体要困难一些。因为地面物体的颜色是多种多样、"五光十色"的,而反映到照片上除了彩色和彩色红外线等照片外,在黑白照片上只是由黑到白的色调,所以要在空中照片上根据色调特征来识别目标,还必须了解物体反映在照片上的色调与各种因素的关系。

物体表面受光后所呈现的明亮程度,叫做物体表面亮度。在全色图像上,影像色调主要取决于地物的表面亮度,物体表面的亮度愈大,反映在照片上的色调愈浅,反之则深。物体表面亮度的大小与物体表面的照度和物体的亮度系数有着直接的关系。在阳光下看物体的时候,物体向阳的一面,看起来比较亮,而背阳的一面,看起来就比较暗,其道理就在于物体向阳的一面受到阳光的直射,照度大,而背阳的一面没有阳光直射,照度小,因此有明暗之别。物体表面的照度,就是物体表面所受光量的多少。照度大,亮度也大,反映在照片上的色调就浅,反之则深。图 4-13 是表示一幢多坡面的房屋,由于各个坡面的照度不同,所以亮度也不同,各个坡面反映在照片上的色调也不一样。屋面 1 照度最大,所以亮度也最大,反映在照片上,其色调也最浅;屋面 2 和 3 的照度比屋面 1 逐渐减小,所以亮度也逐渐减小,反映在照片上,其色调就逐渐变深;屋面 4 照度最小,所以亮度也最小,反映在照片上,其色调也最深。

物体表面的照度取决于太阳的照射强度及物体表面与照射方向的夹角。地物受太阳光直接照射和天空光照射,地平面上接收的照度大小和光谱成份随太阳高度角而变化。

在照度相同的情况下,物体的表面亮度取决于物体的亮度系数。亮度系数是对全色波段来讲的,它是指在照度相同的情况下,物体表面的亮度与理想的绝白表面的亮度之比值。显然,亮度系数越大的物体在图像上的色调就越浅,反之则越深。物体的亮度系数不同,反映在照片上的色调就有差别。在日常生活中有很多这样的例子。例如,道路和田地,一看就知道道路比田地亮,其原因是道路的亮度系数大,而田地的亮度系数小。当它们反映在照片上时,道路的色调浅,田地的色调就深(见图4-14)。

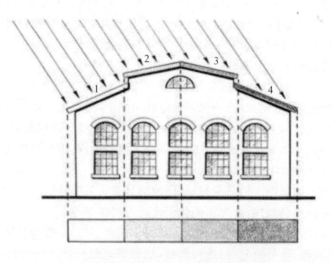

图4-13　坡面方向对照度的影响

图4-14　道路与田地的色调对比

不同性质的地物亮度系数不同;同一种地物,由于表面形状不同,含杂质和水分数量不同,其亮度系数也有较大的区别。地表粗糙度也直接影响着亮度系数。粗糙表面比光滑表面的亮度系数小,但是,反射均匀,能得到色调和谐的影像效果。光滑表面虽然反射能力强,但其反射光具有明显的方向性,对全色图像的获取是不利的。对可见光来说,由于其波长较短,地面物体基本上都可以看作是漫反射体,但是也有例外。如平静的水面,反射光线的方向性很强,可认为是镜面反射物体。一般情况下,水体的影像为黑色调,但是,如果反射光线恰好进入摄影机镜头时,其影像为亮白色,这就是为什么水体在全色图像上有时会呈现白色调的原因(见 4-15)。微波的波长较长,对大多数水平表面将发生镜面反射。如图 4-16 所示,机场跑道,在全色图像上为灰白色调,但在微波图像上为黑色调。地面物体的亮度系数随着含水量的增加而减小。含水量多的土壤在图像上的色调深,干土的色调较浅,所以在土地资源的调查中,常用土壤的色调深浅来区分旱地或水浇地。

图 4-15　水体呈现的色调变化

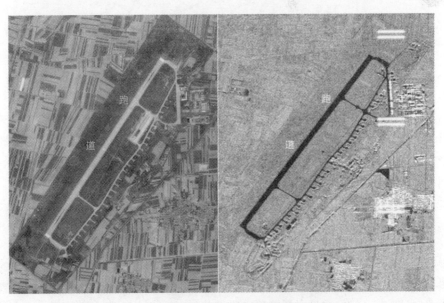

图 4-16　机场跑道在全色和微波图像中的色调比较

在不发生镜面反射的情况下,水面的色调和水的深浅、水中的杂质含量有关。光对水体有一定的穿透能力,浅水区水底物体的散射也能使胶片感光。因此,水浅其影像色调浅,水越深则影像色调也越深。水中所含的杂质,如泥沙、化学物质等越多,对可见光的散射越强,其影像色调越浅,反之越深。所以,水体的色调不但能区分水的深浅,还能判别水中的含沙量的多少和水的污染程度。

在自然界中,物体表面的结构,按其平滑的程度,可以分为平滑表面和粗糙表面两类。物体的表面结构不同,反射光线的情况就不一样,反映在照片上,其色调也就有深浅不同的差别。

平滑表面就像镜面一样,光线投射到这种表面上,只向一个方向反射。具有平滑表面的物体,反映在空中照片上,其影像的色调与照相时的照相机镜头的位置有很大关系。当反射的光线恰好射入镜头时,物体在照片上的色调就呈白色;如果反射的光线没有射入镜头,在照片上的色调就呈现为黑色(见图4-17)。

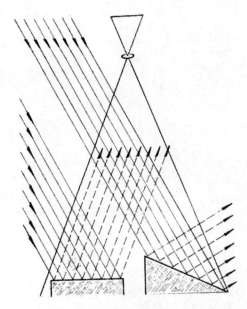

图4-17 平滑表面反射光线与照相时镜头位置的关系

物体在彩色像片上的颜色主要决定于地物的光谱反射特性和感光材料的种类。目前,在航空、航天遥感中获取彩色图像的方法主要有彩色摄影和彩色合成两种。彩色摄影时可以用真彩色胶片获得真彩色图像,也可用假彩色胶片得到假彩色图像。由于真彩色胶片和假彩色胶片的感光范围和结构的差异,同一物体在两种图像上的色调会明显不同。彩色合成的颜色组合更加灵活,既可以生成真彩色,也可以根据判读目的生成特殊组合的假彩色图像。在对彩色图像进行判读时,一定要明确判读图像的种类及颜色组合的方法。

4.1.4 阴影特征

阴影特征是指高出或低于地面的物体,在直射阳光照射下所产生的影子。物体的阴影可分为本影和射影两部分。本影是物体表面得不到直射光线的黑暗部分;射影是物体投落在地面上的影子(见图4-18)。这里主要是研究物体的射影。

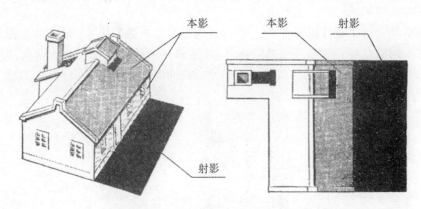

图 4 - 18　可见光图像阴影示意图

　　图像上的阴影是由于高出地面物体的遮挡，使电磁波不能直接照射的地段或地物热辐射不能到达传感器的地段在图像上形成的深色调影像。全色图像、多光谱图像及微波图像上的阴影都是由第一个原因形成的，而热红外图像上的阴影则是由第二个原因形成的。虽然阴影为深色调，但有些深色调的影像不是阴影，而是地物的本影。在微波图像上，背向探测方向的山坡的色调都是深色调（见图 4 - 19）。

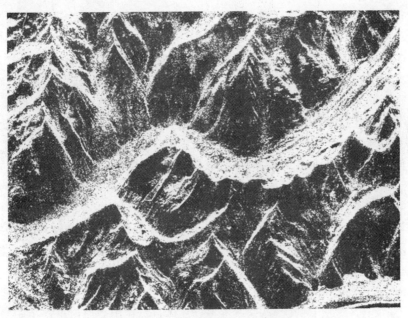

图 4 - 19　微波图像上山的阴影

　　虽然不同图像产生阴影的原因不同，但在图像上的阴影都有形状、大小、色调和方向等特性，这些特性对确定物体的性质十分有利。

　　1. 阴影特征在图像判读中的作用

　　阴影特征是判读目标的重要依据之一。空中照片上所反映的目标形状，主要是目标的顶部形状，当阴影反映出目标的侧面形状时，判读目标就比较容易。同时阴影本身也具有形状、大小、色调和方向四个方面的因素，运用这些因素，就能够在照片上判明目标的侧面形状，测量目标的高度以及判定照片的实地方位。

  阴影的形状除对识别目标有重要作用外,还能够在空中照片上区分出顶部投影形状近似,而侧面形状不同的目标。例如,圆柱体、球体、圆锥体从顶部看都呈现为圆点状,很难区别它们,但是根据其阴影的形状就能够准确地分辨出它们的实际形状(见图 4 - 20)。

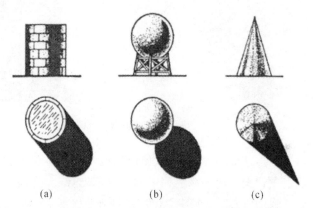

图 4 - 20　顶部投影形状相似而侧面形状不同的目标的阴影特征

(a)圆柱体;　(b)球体;　(c)圆椎体

  阴影特征对于判断地面的起伏状态也具有重要作用。因为起伏的地面,在阳光照射下会产生本影,反映在空中照片上,就具有明暗的差别。地形起伏的坡度愈大,表现的明暗差别也就愈大;反之,明暗差别也就愈小。同样,目标的顶部形状不同,其本影也不一样。例如,具有圆顶状的目标(如球形油罐),由于其表面受光程度不同,反映在照片上的色调,就由受光较强的明亮部分逐渐转变为受光较弱的黑暗部分;具有双坡面的目标(如房屋),就反映为界限分明的明暗两部分。这些影像的明暗差别,是判明地形起伏和目标顶部形状的重要依据。

  阴影的长度和方向是计算目标实际高度和判定照片实地方位的重要依据。阴影的长度和它所指的方向与照相日期、照相时间和照相地区的纬度有着密切的关系。随着上述条件的改变,阴影的长度和方向也按照一定的规律改变。根据这种变化规律,就可以在空中照片上计算出目标的实际高度和判定照片的实地方位。

  由于阴影在空中照片上比较明显,并且随着时间的不同而经常改变着其长短和方向,因此对于采用迷彩伪装的目标,能从目标有无阴影,以及阴影倒向的变化中揭露其伪装。例如,对机场的伪装,常常在跑道上描绘许多地物的顶部形状(如树冠、屋顶等),此时,如果仅从外形来观察这些现象,就可能被认为不是跑道。但只要仔细分析,就能发现这些描绘的地物影像,在阳光照射下,并没有产生应有的阴影,这就不符合立体目标在阳光照射下产生阴影的事实,因此,这种伪装就可以被识破。有时在描绘地物的同时,也描绘出地物的阴影,以克服上述方法的缺陷。然而这种方法也是可以被识破的。因为描绘的阴影总是"死"的东西,它不可能随着阳光照射方向的变化而改变其本身的位置。因此,又必将出现一种新的矛盾现象,那就是在同一时间内,这种目标的阴影与其他地物的阴影倒向不能一致,从而违反了在阳光照射下阴影倒向必然一致的事实。因此,根据阴影特征来识别某些伪装目标也是有重要作用的。

  但是,在某些情况下,阴影也可能增加判读的困难。因为大面积的阴影通常能被用来伪装目标。如山地、树林的阴影,在战时可以作为人员、兵器和技术装备的荫蔽地。目标配置在地物的阴影中,在空中照片上就较难发现。此外,当阴影的形状不能反映目标的性质,并且与目标的色调又差别不大时,也会增加判读的困难。例如,对蒸汽机车的判读,当阴影投落在它的前方或后方时,由于机车的色调与阴影的色调差别不大,判读就比较困难。

2. 阴影特征与各种因素的关系

(1)阴影的长度与各种因素的关系。阴影的长度决定于目标的高度、太阳高度角(太阳投射光线与地面的夹角)的大小和阴影所投落表面的起伏状态。

地形的起伏直接影响阴影的长度。图 4-21 说明了由于地形起伏而引起的阴影长度的变化。当阴影投落在向阳的斜坡上,阴影长度就缩短,当阴影投落在背阳的斜坡上,阴影的长度就增长。

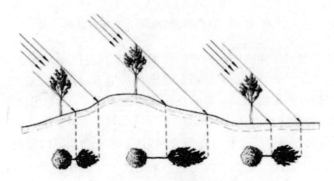

图 4-21　地形起伏引起的阴影长度的变化

(2)阴影的形状与各种因素的关系。阴影的形状除了取决于目标的形状外,与阳光的照射方向和太阳高度角的大小以及地面的起伏状态等因素都有密切的关系。

太阳高度角的大小直接影响着阴影的形状和长短,而太阳高度角是随着时间和照相地区的纬度等条件的不同而不断变化的,只有当太阳高度角等于 45°时,阴影的形状才可能与目标的侧面形状基本相同;太阳高度角大于或小于 45°时,阴影的长度就会缩短或伸长,从而使阴影的形状也发生改变(见图 4-22)。

但是,也有特殊的情况,当目标外形上部较大而下部较小时(如树木),由于目标上部的阴影可能遮住下部的阴影,因此即使太阳高度角等于 45°,目标的阴影也可能不完全与目标的侧面形状相同,只是阴影的长度与目标高度相等。

地面的起伏对阴影的形状也有很大影响。地形的起伏会使阴影改变形状。由于这一原因,在伪装时,常利用改变目标周围地形的方法来改变目标阴影的形状。

(3)阴影的方向与各种因素的关系。阴影的方向就是阴影的始端向其末端延伸的方向。阴影方向的变化,主要是由于时间的不同而引起的。此外,目标所在地区的纬度不同,照相日期不同,对阴影的方向也有影响。

在全色图像和多光谱图像上,阴影方向和太阳光照射方向是一致的。在同幅图像上,由于摄影时间相同,各地物的阴影方向都是相同的(见图 4-23)。我国大部分地区在北回归线以北,中午前后太阳总是在南边,各地物阴影的方向都是向北、西北或东北。因此在不知道图像的方位时,可以根据摄影时间和阴影的方向大致确定图像的方位。我国有少部分地区在北回归线以南,这些地区在每年的夏至前后,阴影的方向将偏南。

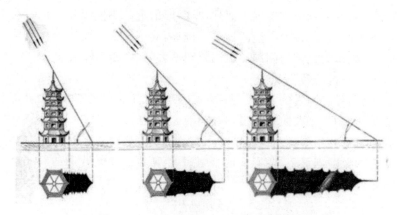

图 4-22　太阳高度角对阴影形状的影响

一般情况下,高于地面目标的阴影和它的影像(影像方向在不同图像上是不同的)是不会重合的,除非目标在像片上恰好处于阴影和影像重合的地方。阴影和影像的交点是地物在图像上的准确位置。另外,在地物和其背景的反差很小的情况下,地物影像难于分辨,这时可以用阴影的底部来判定物体的位置。

微波图像上阴影的方向始终平行于探测方向,且阴影方向和影像方向正好相反。

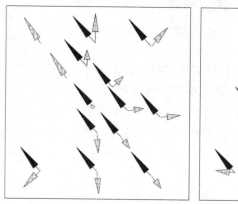

图 4-23　画幅式图像和推扫式图像上的阴影方向

3.阴影的色调

阴影的色调在不同的条件下,也不是固定的。阴影色调的深浅取决于阴影所投落的背景的反光能力和光线照明的强弱。背景的反光能力愈强,阴影的色调就愈浅;反之则深,同样,直射光线强(如中午),阴影的色调就深;直射光线弱(如早晨和傍晚),阴影的色调就浅;如果都是散射光(如阴天),则阴影的色调和周围背景就不易分辨,在空中照片上阴影也就不能呈现出来。

阴影在全色图像上的影像为深色调。但是,由于大气散射的影响,阴影的色调也会随着散射的强弱发生变化。特别是对多光谱图像,各波段上阴影的色调是不同的。

地物阴影地段虽然没有太阳光的直接照射,但受天空光的照射影响天空光主要是大气散射的蓝光,所以在蓝色波段的图像上阴影的色调与影像的反差最小,在阴影内还可以识别其它地物的影像。随着摄影波长的增大,阴影的色调将变深。近红外波段受大气散射的影响很小,在这个波段,阴影和影像的反差很大。在微波图像上,阴影总是黑色调影像。

从以上的讨论可以看出,阴影特征对确定图像方位、判读地物性质、确定地物高低及准确判定地物位置等方面是很有利的。但是,阴影也会遮挡其它较小物体,容易造成漏判。

4.1.5　位置特征

位置特征是指地面物体存在的位置,它反映了目标之间的相互联系。地面上的各种物体都有它存在的位置,而且与周围其他事物常有一定的联系。地面物体的这种关系位置,同样也反映了物体的性质,所以位置特征就成为在空中照片上判读目标的依据之一。如当判明了铁道线后,就可以根据目标间一定的关系位置,判断出特征不明显或被伪装的站台、站房和道岔等目标。所以在判读组合目标时,只要了解了单个目标的配置原则,掌握了目标间的关系位置,就能够在这些相互联系的目标中,根据一个或几个目标的存在,推断出另一个或另几个目标的必然存在。

对某些有特殊位置要求的目标进行判读时,位置特征也有一定的作用。例如,桥梁或渡口的位置总是位于江河、沟谷与道路交叉之处(见图 4 - 24),造船厂的位置总是要求在江、河、湖、海的岸边,而不会位于其他没有水的地方。对于这类有特殊位置要求的目标,根据它固有的位置特征进行判读,能为判明目标的性质,提供一个可靠的依据。

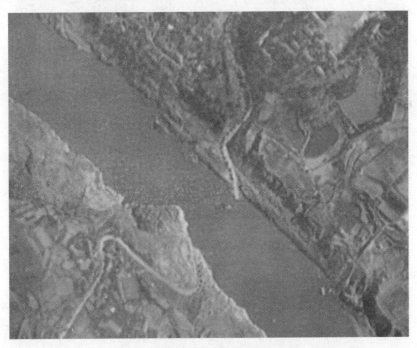

图 4 - 24　在道路与河流交叉处的渡口

由此可见,目标的位置特征在判读目标时有着重要意义。在某种情况下,位置特征还可能成为判读某些目标的主要识别特征。运用这一特征判读目标时,应该熟悉各种目标的技术和战术配置原则,以及目标之间的相互关系。必须指出的是,目标的技术和战术原则,只是一般的情况,有时为了某种特殊需要,或受到某些条件限制,不能按照配置原则配置时,也可能改变目标间关系位置。

　　例如,军队在防御时,为了某种特殊需要,可能将大口径火炮靠前配置;工厂中某些车间,因受各种条件限制,往往不能按照生产流程进行配置等等。因此对待目标的技术和战术配置原则,也要具体分析,判读时必须结合其他识别特征分析研究,切忌生搬硬套。

　　地面上的各种地物都有它存在的环境位置,并且与其周围的其它地物有着某种联系。例如造船厂要求设置在江、河、湖、海边,不会在没有水域的地方出现;公路与沟渠相交一般都有桥涵相连。特别是组合目标,它们的每一个组成单元都是按一定的关系位置配置的。例如,火力发电厂由燃料场、主厂房、变电所和供水设备等组成(见图4-25);自来水厂则是由按一定顺序建造的水池及加压设备所组成(见图4-26)。因此,了解地物间的位置布局特征有利于识别集团目标的性质和作用。

图4-25　火力发电厂的组成与布局全貌

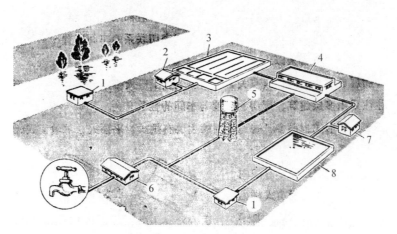

图4-26　典型自来水厂目标的组成与布局

1—泵房;2—加矾室;3—沉淀池;4—滤池;5—洗砂水塔;6—化验室;7—加氯室;8—清水池

在军事目标判读中,用位置特征可以判断军事基地的类型、部队的兵种、建制等。相关判读特征有利于对一些没有影像的目标进行判读。如草原上的水井,有的影像很小或没有影像,不能直接判读,但可以根据多条小路相交于一处来识别。

4.1.6　活动特征

活动特征是指由于目标活动而引起的各种征候。因为任何目标只要它有活动,就会产生活动的征候,而这些征候都与目标性质有着一定的联系。一般来说,什么样的活动征候,代表着什么样的目标性质。因此,只要当目标的活动征候能够在照片上反映出来,就可以根据这种征候判断出某些目标的性质和情况来。《孙子兵法》中所说的:"众树动者,来也;众草多障者,疑也。鸟起者,伏也;兽骇者,复也。尘高而锐者,车来也;卑而广者,徒来也;散而条达者,樵采也;少而往来者,营军也。"就是讲的这个道理。

利用活动特征判读目标时,也就是按照上述道理根据目标的各种活动征候来识别目标的。例如,坦克在地面活动后所留下的履带痕迹(见图 4 - 27),舰艇行驶中激起的浪花(见图 4 - 28),工厂在生产时烟囱所冒出的烟或汽(见图 4 - 29)等,都是目标活动的征候,所有这些征候只要能够反映到空中照片上,就能成为识别目标的一种依据。因此,当掌握了每一种活动征候与目标本身的联系,了解了这种现象与目标性质的关系以后,就能够通过其现象,判明目标的性质。

图 4 - 27　沙漠中的坦克履带痕迹

图 4 - 28   快速行驶中的船

图 4 - 29   正在生产中的电厂

在判读某些目标的使用情况时,活动特征也是十分重要的依据。因为目标在使用过程中
或在使用以后,必将留下各种痕迹或产生其他活动征候。如对炮兵阵地的判读,通常也可以根

据阵地周围有无人员、车辆的活动痕迹，以及掩体前是否有火炮发射后产生的锥形烧蚀地等活动征候，来区别炮兵基本阵地、预备阵地和假炮阵地。

此外，目标本身的活动状况，如军队的各种活动，物资、器材的集结等，对判断敌人某些行动企图，也具有重要作用。例如，在某江河一岸发现有集结的渡河器材，并且正在施放烟幕，即可判断在此河段部队即将强渡江河。

由于目标的活动特征常常成为识别目标的重要依据之一，因此在作战时，为了隐蔽目标，迷惑对方，需要经常对目标的活动痕迹进行伪装。伪装的主要方法是将活动痕迹消除，或专门制造一些活动痕迹。如在坦克的后面挂上有刺铁丝卷或树枝，将履带痕迹消除；用其他履带车辆在另一地点专门制造履带痕迹等。此时，要判明目标的性质，必须依据当时的具体情况结合其他识别特征进行分析。

4.2　识别特征综合运用

图像判读，是通过空中照片上所反映的地面物体的各种现象，即目标的识别特征来识别目标的。照片上的图像，客观地记录了照相瞬间地面物体的真实情况。要正确地运用目标的识别特征来识别这些图像，评估其军事价值，除了具备广博的知识和一定的实践经验以外，还必须掌握正确的指导思想，运用正确的思维方法对目标识别特征进行分析、推理和判断，揭示其本质，才能取得准确的判读结果。

4.2.1　要全面分析目标的各种识别特征

在空中照片上判读目标，必须对目标所反映出的识别特征进行全面的分析和研究，就是说既要研究目标的形状、大小和色调特征，又要研究目标的阴影、位置和活动特征；既要研究目标在一般条件下的识别特征，又要研究目标在特殊条件下识别特征的变化等。因为目标的各种识别特征，本来是互相联系的，它们从不同的侧面反映了目标的性质。一个特征，只能说明目标的一个方面。只有将各个方面的特征联系起来，互相对照，全面分析，才能得出正确的结论。也只有全面地掌握目标识别特征的变化情况，才能在各种情况下判明目标。如果不是全面地，而是片面地根据某一个或某一些特征就去识别目标，那就不能准确地判明目标。例如，如判读地对空导弹阵地与高射炮阵地，无论是从其所在的位置特征，还是从阵地和掩体的形状特征上看，两者都十分相似，但是测量掩体的大小和阵地的面积，两者却有着明显的不同。掩体大，阵地面积大的是地对空导弹阵地，而掩体小，阵地面积小的则是高射炮阵地（见图 4 - 30）。因此，只有全面地分析它们的各种识别特征，才能正确地区分它们。

目标反映在空中照片上的各种现象，有些是与目标的性质相一致的，有些则不一致，有时还会遇到目标呈现的特征被歪曲或不能正确表现目标性质的情况，特别是在目标实施严密的伪装之后，往往会造成一些假象。比如伪装的坦克，从照片上直观地看，可能像草垛或树丛的影像；伪装的永备工事，可能与土堆的影像相似。因此判读的时候，就要透过这些表面现象，经过去粗取精、去伪存真、由此及彼、由表及里的思索，揭露出目标的真象。如果只看表面现象，不看目标与周围事物的联系，不作精细的研究，只看局部的一些识别特征，不分析全部识别特征，就可能被假象所迷惑，做出错误的判断。

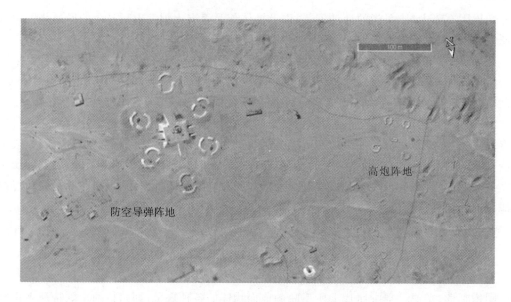

图 4 - 30　高炮阵地与防空导弹阵地

　　采用立体观察技术,对于全面分析目标的识别特征是十分必要的。因为单张照片上的图像,只能显示目标的平面形状,看不出目标的三维空间形态,因而目标的形状和大小特征并不能得到最充分的反映。这对于研究地形的起伏、测量目标的高度和揭示目标的伪装都是不利的。如在机场跑道上画"民用建筑",将其伪装成一般的居民地;在坦克车体上画一些彩色斑块,将其伪装成乱石堆;将火炮涂成草绿色,使其与草地背景融为一体。由于这些伪装目标所反映的图案与其所在背景十分相似,因此单从形状和色调特征上就难以辨认。如果采用立体观察技术,就会看出跑道上的"建筑物"只具有平面形状,而坦克和火炮则明显地高出地面背景,而且具有坦克和火炮的立体轮廓,这就为我们进一步判读它们提供了依据。

4.2.2　要善于抓住主要的识别特征

　　所谓主要的识别特征,就是指最能够反映目标本质的特征。在研究和识别目标时,应当把目标的识别特征区分为主要的和辅助的两类,善于抓住主要的识别特征,才能比较容易地判明目标的性质。例如,飞机的主要识别特征是形状,而其大小、色调、阴影等特征则是辅助的识别特征。在判读时,只要抓住飞机的形状特征,就能够很快把飞机与其他目标中区分出来(见图 4 - 31)。又如,坦克与自行火炮反映在空中照片上形状相似,大小相近,色调也基本相同,不易区分。但是自行火炮顶部炮塔多位于前部或后部,一般整体较高,炮管发射时仰角较大,而坦克的炮塔多位于中部,炮管发射时仰角较小,因此,炮塔就是区分坦克与自行火炮的主要识别特征(如图 4 - 32～图 4 - 35 所示,利用阴影可以明显看出自行火炮的炮塔位置与高度)。由此可见,无论何种目标,它所反映的识别特征,总是可以区分为主要的和辅助的两类,抓住了主要的识别特征,就能比较容易地得出正确的结论。

图 4-31 同一停机坪上的直升机、轰炸机和运输机

图 4-32 美国 M1"艾布拉姆斯"主战坦克地面照片

图 4-33 美国 M1"艾布拉姆斯"主战坦克空中照片

图 4 - 34　美国 M109 自行榴弹炮地面照片

图 4 - 35　美国 M109 自行榴弹炮空中照片

　　一个目标的主要识别特征,并不是固定不变的,其与客观环境有着密切的联系,随着时间、地点、条件的改变,目标识别特征的主辅关系也在变化。原来是主要的识别特征,可能成为辅助识别特征,而原来的辅助识别特征却可能成为主要识别特征。这种情形,在军事目标的判读中表现得比较明显。例如,停放着的坦克,它的形状是主要识别特征。但是当坦克处于伪装情况下,或进入树林荫蔽时,坦克的形状就不能真实地反映到照片上,因此形状也就不能成为主要识别特征。此时,坦克在地面行驶后留下的履带痕迹,就成为判明坦克的主要识别特征。

　　目标识别特征之间的主辅关系,不仅随着客观环境的改变而变化,就是在判读过程中,随着对目标的深入研究也会发生变化。判读目标,不仅要辨别出目标是什么,而且要进一步深入地分析该目标的性质、特点、作用以及当时的状态,以做出较全面的判断。因此在判读目标时,应分阶段从不同的角度来反复研究这个目标。而从不同的角度来研究目标时,所依据的主要识别特征也就不同。例如,判读铁路列车,当判明它是不是列车,是客车还是货车时,形状是主要识别特征;进一步判读该列车向什么方向行进时,活动特征就成为主要的识别特征。

4.2.3　要从实际情况出发,对于具体情况作具体的分析

地面目标多种多样,它们所处的环境和相互之间的关系十分复杂。同一类目标,处在不同地点、不同季节和时间,或处于不同的战斗模式,以及作战对象不同,呈现出来的识别特征也往往不一样。因此,判读时必须从实际情况出发,针对目标所呈现出来的识别特征,联系当时、当地的客观环境作具体的分析,切忌生搬硬套。例如,世界上装备"爱国者"防空导弹的国家和地区很多,在不同的地区,装备导弹发射架的数量有所区别,导弹阵地配置形式也有所不同。日本的"爱国者"导弹阵地通常配置 5 个发射坪(见图 4-36),韩国、德国的通常配置 8 个(见图 4-37),而沙特阿拉伯的通常配置 9 个,且呈扇形布局(见图 4-38)。

图 4-36　日本"爱国者"导弹阵地

图 4-37　韩国"爱国者"导弹阵地

图4-38 沙特阿拉伯"爱国者"导弹阵地

这就告诉我们,判读的时候必须结合当时当地的具体情况,具体地分析目标识别特征及其可能发生的变化,而不要把它们看成是一成不变的,也不应将某一地点、某一条件下的识别特征,不加分析地移用到另一地点、另一条件上去。只有灵活地运用目标的识别特征,从当时当地的具体情况出发,对反映到照片上的各种识别特征进行逐个地分析,然后加以综合、归纳,找出最能反映目标本质的特征,才能做出正确的判断。

要做到这一点,就需要有广泛的知识,需要对目标在各种情况下的识别特征有充分的了解和研究。如果对某一目标没有直接接触过,又没有从资料等方面了解过,就不知道它在各种情况下有什么特征,自然也就谈不上具体情况具体分析,就很难识别它。要识别它,就必须先了解它,熟悉它,熟才能生巧,判读人员必须不断地熟悉和研究目标,反复实践,多参观见学,广泛搜集资料,以丰富自己的知识,了解和研究目标在各种情况下的识别特征,从而提高图像判读的水平。

4.2.4 要充分运用比较的方法

"有比较才能鉴别。"在图像判读中要充分运用比较的方法识别目标。如利用同一次照相中的同类目标作相互比较,同以前拍摄的同一地区的照片相互比较,将同一地区的各种不同性质的照片上的目标作相互比较,与典型目标的照片或图表资料比较,等等。通过上述比较,能够发现目标识别特征的某些变化,从而为判读目标提供有利的依据。

例如,P-3C反潜机(见图4-39)和EP-3电子战飞机(见图4-40)因为采用的是同一基本机型P-3改装的,外形基本上一样。但由于主要功能不同,后者的机身上部有一明显的天线,在卫星图像上呈线条状。

比较不同时期所拍摄的空中照片,可以研究同一目标在前后照片上的不同状况,从而了解目标的变化情况。如判读地下设施,由于开始施工时,周围破土痕迹明显,发现其具体位置比较容易。但因初期设施还不完善,难以判明其性质。随着时间的增长,设施逐渐完善,识别特征也更加明显,判读其性质就较为容易。时间再长,其上部覆盖了泥土,生长了植物,与周围背景混为一色,再识别该设施就比较困难了。由此可见,对比分析不同时期所拍摄的同一地区的照片,不仅可以看出目标的变化过程,而且对于判读目标的性质也是十分有利的。

图 4-39 P-3C 反潜机

(a)

(b)

图 4-40 EP-3 电子战飞机图像

(a)地面图像; (b)空中图像

空中照片与地面典型目标的标准样片、照相地区的地形图和其他有关图表、材料相比较，也是判读中经常采用的方法。在事先制作的标准片上，目标具有不同状态下的标准外形图，注有目标的尺寸和战术、技术性能。用它对照空中照片上的图像，可以帮助判明目标的性质。结合敌情资料判读，可以掌握照片上敌人的兵力部署、编制装备等情况。对照照相地区的地形图进行判读，则能够了解照相地区及其周围的地形情况，有利于分析目标的性质。

应当指出的是，运用比较的方法判读目标，要抓住反映目标本质的主要识别特征进行比较，同时还要充分考虑到各种资料的时间和地点等条件的不同对目标识别特征的影响，这样才能提高判读的准确性。

4.2.5　要考虑到目标的发展和变化

任何事物都不是一成不变的。地面上的目标，随着自然环境的改变、科学技术的发展、军队装备的更新等，也是不断变化的。这种发展变化，必然会引起目标识别特征的改变。

如热电厂，随着火电技术的不断进步和环保需求的不断提高，火电机组单机容量越来越大，热利用效率越来越高，而污染排放也越来越小。同时，以前常见的大面积的露天煤场慢慢被室内煤场所取代。图4-41～图4-43分别是西安灞桥热电厂2006年、2009年和2012年的卫星图像。通过对比可以看出，烟囱、汽机间、冷凝塔和煤场都发生了明显的变化，表明该厂在这6年间不断进行着升级改造工作：其发电机组进行了扩容，原来的小火电机组被拆除，在原址建起了新的发电机组，同时增加了一个白色球形穹顶式室内煤场。

因此，在判读时，必须充分地考虑到目标的发展和变化，在判读实践中，不断地研究新目标，学习新的科学技术知识，广泛搜集和积累资料，多参加判读实践，总结新经验，掌握目标识别特征在各种情况下的变化规律。

图4-41　2006年5月的西安灞桥热电厂

图 4 - 42　2009 年 8 月的西安灞桥热电厂

图 4 - 43　2012 年 11 月的西安灞桥热电厂

下篇 实践篇

对具体目标的判读与实践,是学习遥感图像军事判读的最重要部分。面对各种各样的目标,要全面掌握其识别特征,是一项艰巨的任务。作为判读人员,能做的只能是从典型目标开始,从了解目标的基础知识开始,一点一滴不断地积累,逐渐形成自己的目标知识库,提高具体目标的判读能力。

本篇以飞机、船只、机场和港口等常见目标的可见光图像判读为例,对其主要组成、分类及相应的判读特征进行简要介绍,目的是为学习其它目标的判读提供基本的学习思路。最后一章则针对一般常见民用目标的识别,给出了大量的图例及解译标志,以帮助读者在看图、识图中积累判读经验。

第5章 飞机的判读

飞机是军事判读中最常见的目标。对飞机的判读,首先应判明它的类型。不同类型的飞机,各有不同的特点,这些特点,是由飞机的各个组成部分的形状、数量和安装位置等因素决定的。要在遥感图像上判明飞机的类型,就必须研究飞机的基本组成部分的识别特征。

5.1 飞机的基本组成

飞机主要由机身、机翼、尾翼、动力装置(发动机)、起落架、武器系统和其他装置等组成(见图5-1)。这些主要部分的形状、数量和安装位置等因素决定了各类飞机的不同特点。

图5-1 飞机的主要组成部分

5.1.1 机身

机身是用来装载人员、货物、机载设备及武器并将机翼、尾翼等连成一个整体的飞机部件。通常,多数飞机为单机身,有的飞机为双机身。单机身反映在图像上呈直线型形。不同类型飞机的机身长、宽以及机头形状均有不同。如图5-2展示了几种不同类型飞机的机身形状。

(a)   (b)   (c)

图5-2 几种不同类型飞机的机身形状
(a)F-15; (b)B-52; (c)F-117

5.1.2 机翼

机翼是使飞机产生升力并在空中保持稳定的主要部件。机翼上有襟翼、副翼等操纵面,而大多数机型都把主要的燃油箱安置在机翼内。机翼在飞机各组成部分中面积较大,其形状直接影响到飞机的整体外形特征。机翼识别中主要把握其形状、位置与数量特征。

1. 形状

目前机翼的平面形状有矩形、梯形、椭圆形、菱形、后掠形(箭形)、三角形、扇形、双三角形、前掠形(反箭形)和可变形等多种形式(见图 5-3)。

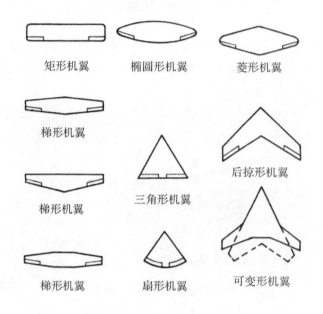

图 5-3 机翼的平面形状

机翼的形状不同,飞机的整体形状也不一样。例如,米格-21 和 F-106 喷气式战斗机,都是三角形机翼,在空中照片上的形状,呈等腰三角形;而米格-19 和 F-100 战斗机则是后掠形机翼,反映在空中照片上的形状,犹如空中飞燕。如图 5-4 所示。

(a)　　　　　　　　　　　　　　　　(b)

图 5-4 几种飞机的三视图

(a)米格-21; (b)米格-19;

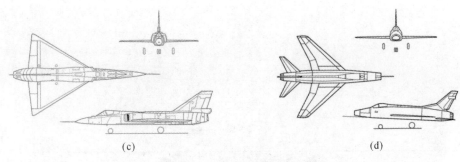

(c)　　　　　　　　　　　　　　　　　　(d)

续图 5-4　几种飞机的三视图

(c)F-106；　(d)F-100

2.位置

机翼按其在机身上安装的相对位置还可分为上单翼、中单翼和下单翼。上单翼是指飞机只有单层机翼,且机翼安装在机身的上部,如图 5-5 所示。中单翼和下单翼则分别如图 5-6 和图 5-7 所示。

图 5-5　上单翼

图 5-6　中单翼

图 5-7　下单翼

3.数量

机翼的数量也是区别飞机类型的一个依据。多数飞机为一对机翼,但也有少数飞机为两对机翼,有的是上下双层机翼,有的是前、后两对三角形机翼。

5.1.3　尾翼

尾翼通常由垂直尾翼和水平尾翼组成。垂直尾翼上安装方向舵,水平尾翼上安装升降舵,两者均为飞机的重要操纵面。垂直尾翼在机身上的位置、角度及其形状、大小、数量各有不同。水平尾翼的平面形状较多,大致可分为矩形、梯形、椭圆形、菱形、三角形和后掠形等几种,如图5-8所示。

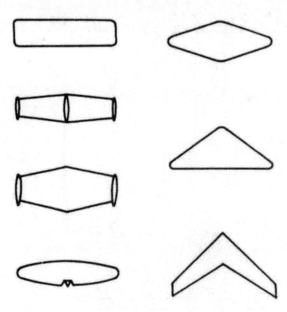

图 5-8　几种不同水平尾翼的形状

　　不同类型的飞机,通常安装有不同数量和形状的尾翼,而且安装的形式也是多种多样的。有的飞机是将垂直尾翼和水平尾翼分别安装在机身尾部,有的是将两个垂直尾翼安装在水平尾翼两端,有的是将两个垂直尾翼直接固定在尾撑上,有的水平尾翼和垂直尾翼则结合成"十"字形或"T"字形。这些不同形式的尾翼,反映在图像上都有不同的特征,这些特征对于区别飞机的类型具有一定的作用。如图 5-9 所示。

图 5-9　不同飞机的尾翼
(a)E-3 预警机;　(b)C-17 运输机;　(c)B-25 轰炸机;
(d)E-2 预警机;　(e)F-22 战斗机;　(f)RQ-4"全球鹰"无人机

5.1.4 发动机

发动机是飞机的动力装置。不同类型的飞机,其发动机的种类、数量和安装位置也不完全相同。目前飞机所使用的发动机类型主要有:涡轮喷气式、涡轮风扇式、涡轮螺旋桨式、液冷活塞式和气冷活塞式等几种。这几种发动机除了涡轮螺旋桨发动机和液冷活塞式发动机反映在图像上的影像其头部呈锥形外,其余几种发动机的头部均较平。常见的飞机发动机数量有1台、2台、4台,少数飞机有3台、6台、8台。有时,发动机数量是确定飞机型号的主要特征,如图-154客机(兼作运输用途)的发动机为3台,安-225专用运输机的发动机为6台,B-52轰炸机的发动机为8台,如图5-10~图5-15所示。

图 5-10　装有 1 台发动机的 F-16 战斗机

　　　图 5-11　装有 2 台发动机的 A-10 攻击机

图 5-12　装有 3 台发动机的图-154 客机

图 5-13　装有 4 台发动机的 KC-135 加油机

图 5-14 装有 6 台发动机的安-225 运输机

图 5-15 装有 4 组 8 台发动机的 B-52 战略轰炸机

　　发动机的安装位置有:机身内、翼根部、机翼上、机头前部、机身尾部,这些差异都是区分飞机类型的重要依据。

5.1.5　起落架

　　起落架是飞机起飞和着陆时在地面滑行的机轮组及其支架的总称。多数飞机的起落架在飞机升空后收入机身,以减小飞行阻力(见图 5-16)。在雪地或水上起降的飞机起落架,可以用橇板或浮筒代替轮子。

图 5-16　飞机起落架

　　起落架的基本形式主要有:前三点式、后三点式、自行车式和马车式四种(见图 5-17)。

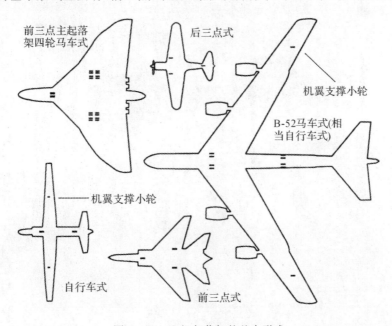

图 5-17　飞机起落架的基本形式

5.1.6 其他装置

飞机的其他装置是指对整体形状有所影响,对判明飞机的种类将会提供定性依据的相关部分。有些飞机为了增加续航时间,有时在机翼或机身的某些位置装有副油箱(见图 5-18);攻击机为了实现对地攻击,在机头或机腹装有大量的对地攻击武器(见图 5-19);空中预警或指挥飞机在其机身、垂直尾翼等部装有电子设备和雷达天线等等。

图 5-18　加挂了副油箱和导弹的 F-16 战斗机

图 5-19　A-10 攻击机的对地攻击武器

5.2　飞机的气动布局

飞机的气动布局主要指飞机的各翼面的形状与位置关系,它决定了飞机的飞行特征及性能,是飞机类型区分的重要依据之一。

5.2.1　常规布局

常规布局是将水平尾翼和垂直尾翼都放在机翼后面的飞机尾部,机翼的形状有三角翼、后掠翼等。大多数战斗机均采用常规气动布局,以提高飞机的大迎角机动性。有的飞机在机翼根部前缘靠近机身两侧增加一片很大后掠角的机翼面积,即大边条翼。如 F - 22、F - 16、F - 18和苏 - 27 等都采用边条翼技术,以强调其近距离格斗性能,适合大迎角、大过载机动飞行(见图 5 - 20)。

图 5 - 20　采用边条翼技术的 F - 18 战机

5.2.2　无尾布局

无尾布局指没有水平尾翼的气动布局。采用这种布局形式的飞机可以突增压、突提速。如幻影 - 2000(见图 5 - 21)和幻影Ⅲ都采取这种布局形式。

图 5 - 21　采用无尾布局的幻影 - 2000 战机

5.2.3 鸭式布局

鸭式布局指在机翼前方机身上装有水平小翼而没有水平尾翼。这种小翼面称为前翼，它代替了一般飞机的水平安定面和升降舵。鸭式布局飞机从亚声速向超声速过渡可减少配平阻力，利于超声速空战，可改善三角翼战斗机的起降性能。如歼－10战斗机采取这种布局形式（见图5－22）。

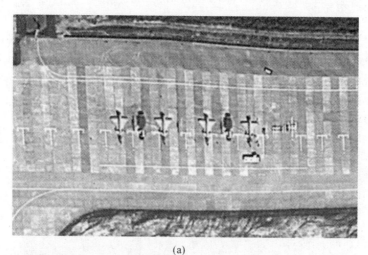

(a)

(b)

图5－22 采用鸭式布局的歼10战斗机

(a)空中照片； (b)三视图

5.2.4 飞翼布局

飞翼布局是完全没有尾翼和具有明显粗大机身的气动布局形式。飞翼布局飞机的优点是空气动力效率高，飞机升阻比很大。缺点是操作性差，机动性不好。这种布局适合于轰炸机，如B－2（见图5－23）。

(a)

(b)

图 5-23 采用飞翼布局的 B-2 轰炸机

5.3 飞机类型的判读

5.3.1 主要的飞机类型

飞机按用途分为军用飞机、民用飞机和研究机。民用飞机按用途分为客机、货机、农业用机等专业飞机。军用飞机可分为作战飞机和作战支援飞机。其中,作战飞机主要机种有轰炸机、歼击机、歼击轰炸机、强击机、反潜机等;作战支援飞机主要机种有侦察机、预警机、电子干扰机、加油机、运输机、教练机等。下面对典型的军用飞机作一简要介绍。

1. 战斗机

战斗机又称歼击机,主要任务是进行空中格斗,夺取制空权、拦截敌方轰炸机、强击机和侦察机等。战斗机一般体积较小,通常翼展在 16 m 以下,机身长度在 30 m 以下,机翼多为后掠翼或三角翼,发动机多为1台或2台。如图5-24所示为美军的F-15战斗机与F-16战斗机。

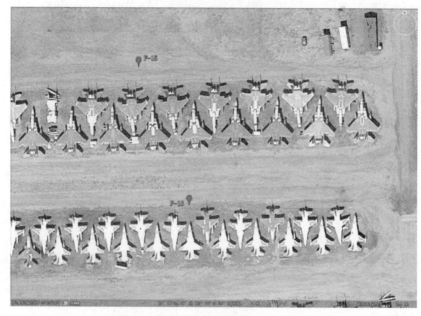

图5-24　F-15战斗机与F-16战斗机

2.运输机

军用运输机是指专门用于空中输送人员、武器装备和物资的军用飞机。分为战术运输机和战略运输机两类,前者为起飞重量在100 t以下的中小型飞机,后者为起飞重量在150 t以上的大型飞机。运输机的典型识别特征是:飞机体积较大,机身较粗,机翼多为上单翼。图5-25为C-130运输机与C-17运输机。

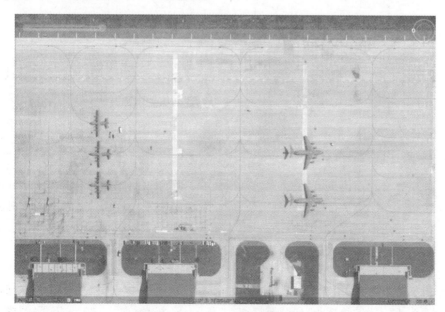

图5-25　C-130运输机(左)与C-17运输机(右)

3. 轰炸机

轰炸机是指以空地导弹、航空炸弹、航空鱼雷为基本武器,具有轰炸能力的作战飞机。轰炸机可分为轻型(近程)轰炸机、中型(中程)轰炸机、重型(远程)轰炸机 3 类。其中,轻型轰炸机起飞重量多在 20～30 t,航程在 3 000 km 以下;中型轰炸机起飞重量在 40～90 t 之间,航程为 3 000～6 000 km;重型轰炸机起飞重量多在 100 t 以上,航程达 6 000 km 以上。

轰炸机主要的特征为,体积比战斗机大得多,但机身一般比运输机细长,机翼较大,多为上单翼或中单翼。如图 5-26 所示为 B-1B 轰炸机与 B-52 轰炸机。

图 5-26　B-1"枪骑兵"轰炸机(见图中 1)与 B-52 轰炸机(见图中 2)

4. 攻击机

攻击机又称强击机,是使用炸弹、航空火箭、空地导弹等战术武器,专门从低空和超低空攻击地面、水面目标的军用飞机。主要用于直接支援作战,攻击敌方行进中和集结的纵队、摧毁敌方战役战术纵深重要目标,属战术军用飞机范畴。如图 5-27 所示为 A-10 攻击机。

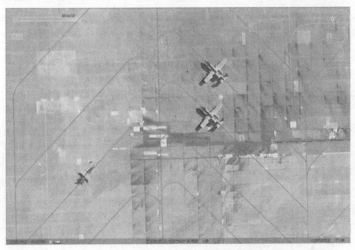

图 5-27　A-10 攻击机(右上两架)

5.预警机

预警机亦称预警指挥机,是指装有机载预警雷达和电子侦察设备,专门用于搜索、监视空中、地面或海上目标,并可指挥引导己方飞机遂行作战任务的作战飞机。多数预警机机身上安装有大尺寸的圆形天线罩,如 E-2、E-3 和 E-767(见图 5-28),也有的预警机安装的是"平衡木"形天线,如中国的空警-200,外露的大型天线是预警机典型的识别依据。

图 5-28　E-767 预警机

6.加油机

空中加油机是指装有空中加油设备,专门用于给飞行中的飞机或直升机补充燃油的军用飞机。该型机通常由大型客机、运输机或轰炸机改装而成,与改装前相比,加大了油箱储量,增加了加油系统,但外形并无明显变化。图 5-29 为某集体停机坪上的 C-17 运输机、C-5 运输机与 KC-135 加油机(最右边的两架)。

图 5-29　C-17 运输机(左)、C-5 运输机(中)与 KC-135(右)加油机的对比

7. 无人机

无人机是无人驾驶飞机的简称,是一种由无线电遥控设备或自身程序控制装置操纵的无人驾驶飞行器。如图 5-30 所示为全球鹰无人机。

图 5-30　全球鹰无人机

5.3.2　飞机类型判读方法

判明飞机的类型主要依据飞机的形状、大小、阴影等特征,多采用对比分析方法。

1. 形状特征的运用

飞机的机种不同,它们的形状也不一样。歼击机的机身一般较细,通常只安装 1~2 台发动机。安装一台发动机时,发动机多在机身内部;安装两台发机时,有的进气道在机翼根部,有的悬挂在两个机翼下。轰炸机的机身较粗,一般安装两台或四台发动机,也有的安装六台或八台发动机。运输机的机身一般较轰炸机粗,一般装有 2~4 台发动机。此外,近年来越来越多的飞机采用隐形设计,其形状和外部所用涂料与常规飞机有所不同(见图 5-31)。

同样,机种相同而机型不同的飞机,机身、机翼、尾翼和发动机的形状、安装位置等方面也各有差别。例如,F-15 战斗机为近似三角形机翼,双垂直尾翼,而 F-14 则是可变形机翼。

必须指出,飞机在形状方面的差别是复杂的,有的可能是整个形状完全不同,有的则可能是某一局部形状有所不同;有的形状差别比较容易发现,有的则不甚明显。当其差别较大时,在照片上就比较容易区别。如果差别较小,则必须从飞机各组成部分的局部形状、安装位置以及发动机、尾翼的数量等方面进行全面分析,才能准确地判明其类型。

(a)

(b)

图 5-31　两种隐形飞机的形状特征

(a)F-117 战斗机；　(b)F-22 战斗机

2.大小特征的运用

　　飞机的大小主要表现在翼展和机身的长度方面。不同种类的飞机,其翼展和机身的长度也不一样,而同一机种的飞机,由于其型别不同,它们的外部尺寸也有一定的差别。图 5-32显示了美军亚利桑那州图森市戴维斯·蒙山空军基地"飞机坟场"的局部,从该图中可见到多种类型不同大小的各种军用飞机,典型型号有 C-5 运输机、C-130 运输机、B-52 轰炸机(拆解中)、B-1 轰炸机(拆解中)、P-3C 反潜机、KC-135 加油机、E-2 预警机、F-14 战斗机、F-15 战斗机等。

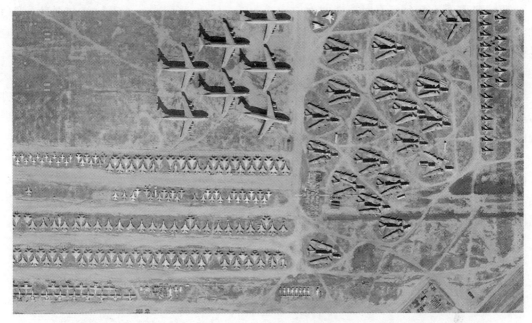

图 5 - 32　飞机的大小特征

3. 阴影特征的运用

在判读飞机时,虽然主要是依据其形状和大小特征,但为了获得准确的判读结果,有时阴影特征也是不可少的辅助识别特征。

飞机的阴影特征,在一定条件下,能够清楚地反映出飞机发动机、垂直尾翼的数量、形状和所处的位置,也可反映出飞机是单机翼还是双机翼,是前三点式起落架还是后三点式起落架,因此,它有利于对飞机的判读。如图 5 - 33 所示,通过阴影可以清楚地判断出图中三种固定翼飞机的垂直尾翼数量,其中 F - 15 战斗机与 A - 10 攻击机均为 2 个垂直尾翼,但安装位置不同,而 F - 16 战斗机只有一个垂直尾翼。

图 5 - 33　几种飞机垂直尾翼的比较

但是,飞机的阴影特征有时也会产生相反的作用。例如,当阳光从飞机的前方或侧方照射时,或者飞机本身的色调与阴影的色调相近似时,就可能会产生飞机本影轮廓和阴影轮廓互相混淆的现象,从而不利于判明飞机的种类。

4. 对比方法的运用

判读飞机类型,除了运用形状、大小等特征外,通常还可以采用对照比较的方法。这种方法是将事先制作好的各种飞机的形状图片,与呈现在空中照片上的飞机的图像互相对照,或者将已经判明其类型的飞机图像与未判明的飞机图像进行比较,从而确定其类型。

如图 5-34 所示为 2014 年 11 月 12 日出现在北京国际机场的两架飞机。从形状、大小和阴影特征看,可以大致判定为军用运输机,疑为美军的 C-17 运输机,但由于其出现在北京机场,也可能为中国的 Y-20 运输机。图 5-35 为美军某空军基地的 C-17 运输机。通过对两幅图像的对比,可以肯定图 5-34 中的飞机是美国的 C-17 军用运输机。

图 5-34　2014 年 11 月 12 日出现在北京机场的两架军用运输机

图 5-35　美军某空军基地的 C-17 军用运输机

第6章 机场的判读

机场,亦称飞机场、空港、航空站,是供航空器起飞、降落、滑行、停放以及进行其他地面活动而划定的一块地域或水域,包括域内的各种建筑物和设备装置。机场按使用性质分为军用、民用和军民两用三种。其中,军用机场是航空兵部队进行作战、训练、武器装备维护,油料、弹药储存供给以及人员生活保障的基础设施,是军队空中作战力量的陆基依托。无论平时还是战时,军用机场不仅在军队空中作战力量聚合方面发挥着重要作用,而且在形成国家(地区)安全防务和战争支持能力上也具有重要地位。

6.1 军用机场的组成与特点

从区域角度划分,军用机场一般可划分为飞行区、保障区、疏散区和营区等组成部分。其中,飞行区通常包括跑道、滑行道、联络道、拖机道等;保障区通常包括停机坪、仓库、指挥通信设施、导航助航设施、飞机维修设施、供发电设施等;疏散区通常包括飞机掩体、飞机掩蔽库、飞机洞库等;营区通常包括各型办公和食宿营房等。

从功能角度,可将军用机场主要设施划分为起降、停驻和综合保障等几类。其中,起降设施通常包括跑道、滑行道、联络道、拖机道等;停驻设施通常包括集体停机坪、个体停机坪、警戒停机坪、飞机掩体、飞机掩蔽库等;综合保障设施通常包括飞机维修设施(机库、校罗坪、校靶坪)、指挥导航设施(塔台、飞行管制室)、油库、弹药库以及营区等。

6.1.1 起降设施

起降设施通常包括跑道、滑行道、联络道等,集中位于机场飞行区,是军用机场的主体。

1. 跑道

跑道通常位于飞行区的中部,长度在 2 000～4 000 m 之间,宽度一般为 30～60 m。为保障飞行安全,跑道两端通常设有长 200 m 左右的端保险道,跑道一侧还建有用于应急迫降使用的土质跑道。

跑道通常由水泥混凝土、沥青混凝土等建筑材料铺设而成,一般显现为边缘整齐、宽大平直的白色或黑色长条线状。其质量、长度、宽度、方向与常驻飞机的起飞重量、发动机类型数量有关,还与道面结构、海拔高度、常年气温、风向以及飞行强度、同时起飞飞机数量等因素有关。

具体地讲,跑道的长度取决于所使用飞机的性能、机场所在地的海拔标高、气温以及纵坡等情况;跑道的宽度是根据飞机起降时约有大部分的轮迹都集中在以跑道中心线 25～30 m 范围内这一事实确定的,从 20 世纪 60 年代起,多数国家的跑道都规定为 45 m 宽,连同道肩共 60 m 宽;由于飞机的起飞、降落必须逆风进行,因此,跑道的方向主要依机场所在地区的常年风向、风速而定。

跑道平面布置基本构成形式有单条跑道、平行跑道、交叉跑道、开口"V"形跑道等,如图

6-1,图6-2所示。

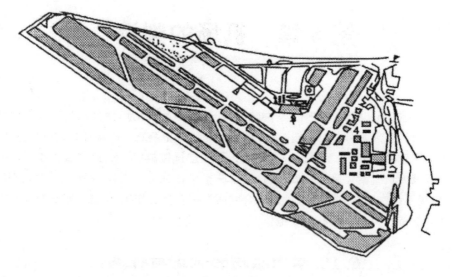

图6-1　日本东京羽田机场布置形式

图6-2　几种不同的跑道布局

(a)单条跑道；　(b)平行跑道；　(c)交叉跑道；　(d)开口"V"形跑道

2．端保险道

端保险道亦称保险道，是指为防止飞机冲出机场跑道或提前接地在机场跑道两端设置的地段。通常为平整而密实的草质，涂设有折线型标识，如图 6-3 所示。

3．滑行道

滑行道是指连接机场跑道与停机坪、疏散区，供飞机滑行或牵引的通道。多位于跑道一侧，与跑道平等，长度等于或略短于跑道，宽约 20 m 左右，境外空军基地滑行道一般为 30 m 左右，可供飞机应急起降。如图 6-4 所示。

图 6-3　端保险道影像图

图 6-4　滑行道

4.联络道

联络道是指连接机场滑行道和跑道的通道,通常设置数条,供飞机进出跑道使用。滑行道两头与跑道相连接的部分称为端联络道;滑行道中部与跑道相连接的部分称为中间联络道。中间联络道一般与跑道直角相交,有的机场中间联络道与跑道斜交,这是便于飞机着陆后迅速脱离跑道而设计的,如图6-5所示。

图6-5　联络道

5.拖机道

拖机道是指在机场飞行地带、个体停机坪、校靶坪、修理厂和飞机防护工事之间供牵引飞机的通道。拖机道通常道面平坦、规则整齐,与周围自然背景形成强烈的色差、亮差、热差和电磁反射差,在影像上呈现为边缘整齐、宽于普通道路的带状目标,其基本表现为明显的断头路,如图6-6所示。

图6-6　拖机道

6.1.2　停驻设施

停驻设施通常包括集体停机坪、个体停机坪、警戒停机坪、飞机掩体、飞机掩蔽库等。

停机坪是指专门为停放和维护飞机或直升机及进行地面飞行准备而设置的场地。按构筑形式,一般分为整片式、环形式和个体式 3 种;按停放数量,一般分为集体停机坪和个体停机坪 2 种;按位置用途,一般分为加油线停机坪、起飞线停机坪、停机线停机坪、警戒停机坪,以及维修坪、试车坪、校罗坪、校靶坪等 8 种。集体停机坪、个体停机坪、加油线停机坪、起飞线停机坪、停机线停机坪、警戒停机坪属于停驻设施;维修坪、试车坪、校罗坪、校靶坪属于综合保障设施。

1.集体停机坪

集体停机坪是指供成批飞机集体停放的露天场地。其主要识别标志是面积较大,通常按整片式修建,有时为减少费用按环形式修建,一般位于滑行道或大型机库附近。如图 6-7 和图 6-8 所示。

2.个体停机坪

个体停机坪是指面积相对较小,一般只能停放 1～2 架飞机的露天的停机场地。一般分散配置,主要是为减少遭空袭时的损失。如图 6-9 和图 6-10 所示。

图 6-7　集体停机坪

图 6-8　集体停机坪影像图

图 6-9　个体停机坪

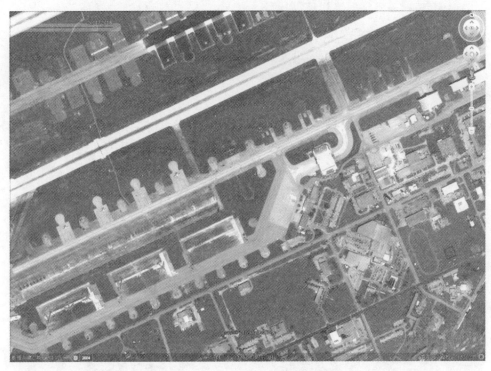

图6-10　个体停机坪(多种机型)

3.警戒停机坪

警戒停机坪一般位于跑道两端,用于保障担负战备值班任务飞机停放。如图6-11所示。

图6-11　警戒停机坪影像图

4.飞机掩体

飞机掩体是由经过整修的小块平地和周围的防护墙组成,只能停放少量飞机。军用永备机场一般都设有较多的飞机掩体,分散配置在滑行道两侧,并与滑行道相连。其平面形状有露天的马蹄形、多角形和门字形等几种,如图6-12和图6-13所示。

图6-12 门字形飞机掩体

图6-13 多角形飞机掩体

5.飞机掩蔽库

飞机掩蔽库是利用钢筋水泥等材料构筑的带顶盖的飞机掩体。其作用是增强飞机在地面的防弹能力。通常以单机、双联或四联三种形式配置,其建筑形式有拱形、平顶或双坡面式,一般为拱形落地结构,顶部多为水泥混凝土质。其主要图像识别标志有:①对空暴露的拱形机库主体结构及阴影;②规则有序、平整宽阔的库前坪;③由拖机道形成的断头路。分别如图6-14~图6-16所示。

图 6-14　单机、双联飞机掩蔽库

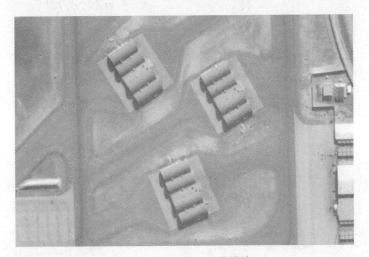

图 6-15　四联飞机掩蔽库

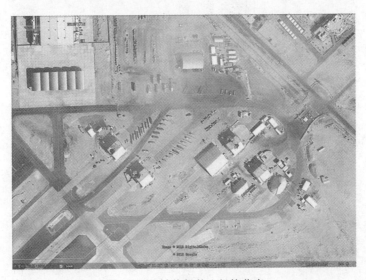

图 6-16　被炸毁的飞机掩蔽库

6.飞机防晒棚

飞机防晒棚是以简单框架为支撑,顶部覆盖普通遮阳和防雨材料的棚状设施,供飞机停放用。其特征是:一般位于集体停机坪上,成批出现,排列整齐有序,相互距离较近,前后留有足够的供飞机进出的空地。如图6-17和图6-18所示。

图 6-17　韩国某机场的飞机防晒棚

图 6-18　美国某机场的飞机防晒棚

6.1.3　综合保障设施

综合保障设施通常包括飞机维修设施(机库、校罗坪等)、指挥导航设施(塔台、飞行管制室)、油库、弹药库以及营区等。

1. 机库

机库又称飞机修理库,是对飞机进行检验和修理工作的场所。通常出现在大型军用机场,位于停机坪附近,与滑行道相连。库房较大,一般为拱顶或坡面顶。如图 6-19 所示。

图 6-19　机库

2. 校罗坪

供校正飞机上的罗盘用,为一水泥混凝土构筑的圆坪,位置要求能够看到远处的显著目标,最好能看到近距中波导航台的天线,以便据此校正罗盘。如图 6-20 所示。

3. 航行调度室

航行调度室是指供机场飞行管制人员遂行飞行管制任务。通常配置在便于观察和指挥飞行的跑道中部,为一较高建筑,通常可依据其阴影进行识别。如图 6-21 所示。

图 6-20　校罗坪影像图

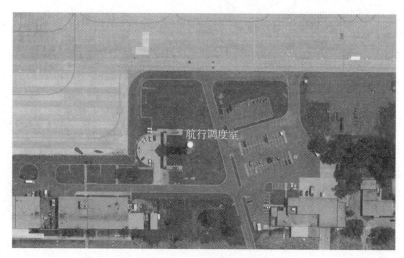

图 6-21　航行调度室

4.油库

每个军用机场通常建有两个油库,一个是基地油库,另一个是消耗油库。基地油库是机场的主要储备库,容量很大,为数千吨,甚至达万余吨,一般为地下式或半地下式,设置在距跑道较远和较隐蔽的场所。消耗油库是为了便于向飞机加油而修建的小型油库,容量通常为 1 000～2 000 t,通常也为地下式或半地下式,设置在加油坪或停机坪附近。如图 6-22 所示。

图 6-22　基地油库

5.弹药库

专门储存、保管易燃、易爆物品的场所,通常配置在距机场 1 千米以外防护条件较好的地方,库区周围筑有土墙或排水沟。有的机场设置 2～3 个弹药库,各库之间相距较远。弹药库库房形式与一般小型仓库相同,外形规则整齐,库房周围筑有防护墙,库房之间有道路相连。如图 6-23 所示。

图 6 - 23　机场弹药库

6.2　机场种类的判读

6.2.1　军用机场

军用机场的主要特点是：一般地处偏僻；无候机楼；塔台一般较民用机场低；机库数量多，其中战斗机机库较小，轰炸和运输机机库较大；有多个飞机掩体、机窝及个体停机坪，停放多为军用飞机；有排列整齐的营房，附近一般设有油库和弹药库，油库多为半地下、地下或洞库。如图 6 - 24 和图 6 - 25 所示分别为战斗机机场和轰炸机机场。

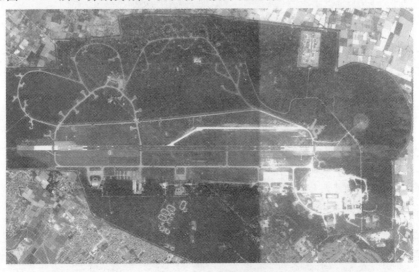

图 6 - 24　战斗机机场

图 6 - 25　轰炸机机场

6.2.2　民用机场

民用机场的主要特点是停机坪较大,附近有装卸物资的设备和专供旅客上、下飞机的登机桥;机场上多停放运输机(客机、货机)和其它民用飞机;在停机坪的一侧有较大的候机楼及较高的塔台,候机楼前常有花园式停车场;维修机库较大,一般位于机场一侧较为偏僻的地方;民用机场附近多设有大型油库,油库一般为露天形式;没有弹药库;有良好的公路与外界相连。如图 6 - 26 所示为香港国际机场,可以明显看到其大型候机楼和大片的集体停机坪,候机楼周边有规律地分布着大量的登机桥,附近停放的都是大型客机。

　　　　　　　　图 6 - 26　香港国际机场

军用机场与民用机场的区别见表 6-1。

表 6-1 军用机场与民用机场的特征对比

特征	机场类别	
	军用机场	民用机场
交通便利程度	不方便、道路等级低	方便、道路等级高
位置	偏僻	近郊
弹药库	有	无
防空设施	有	无
停车场	无或规模小	有且规模大
候机楼及登机桥	无	有
停机坪数量	多	少
个体停机坪	有	无
飞机掩体	有	无
塔台高度	低	高
塔台数量	一般为一个	一个以上
飞机尺寸	除运输、轰炸机外，尺寸小	通常尺寸大
油库	一般为地下、半地下	露天

6.2.3 军民两用机场

军民两用机场既有军用机场的特征，也有民用机场的特征。典型特征有，一般都有候机楼；有飞机疏散区；停放的飞机既有军用飞机也有民用运输机。如图 6-27 所示为日本那霸军民两用机场，其北部区域可见候机楼和登机桥〔见图 6-28(a)〕，南部区域可见大量的军用飞机〔见图 6-28(b)〕。

图 6-27 日本那霸军民两用机场

　　机场的使用性质并不是固定不变的,在一定条件下,军用机场和民用机场的使用性质是可以互相转化的,特别是在战时,由于军事上的需要,大部分民用机场可能改作军用机场,而平时,也可能因某种原因,把军用机场改为民用机场或一个机场供军民共同使用。

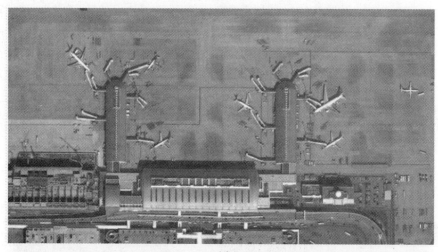

(a)

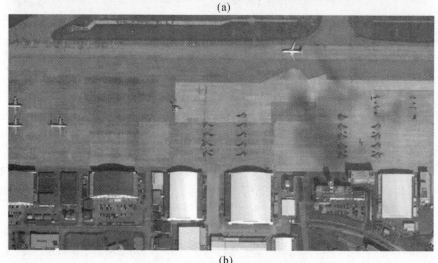

(b)

图 6-28　那霸机场的民用区与军用区
(a)民用区；　(b)军用区

6.2.4　其它特殊机场

1.公路机场

　　公路机场是指以公路为基础,借用平直、宽阔的公路作为飞机起降跑道的"准机场"。公路机场在战时或紧急情况下能快速从公路状态转为机场状态,因而也简称为"应急机场"。公路机场的主要特征有:公路宽度突然加宽,路面平直,坡度小、无弯曲长度大于 1 800 m;净空条件好,旁边无电杆、树木和建筑等障碍;两端有长条形的停机坪,供停放控制车辆及飞机;一般离永备机场较近,方便转移飞机、加油及指挥。如图 6-29 所示。

图 6-29　公路机场

2.直升机场

　　直升机场一般分有跑道和无跑道起降坪两种。直升机起降跑道多见于陆航部队或飞行训练机场,其跑道较短(见图 6-30)。直升机起降坪一般出现在较空旷的地面,有时在集体停机坪附近,如图 6-31 所示,有时也出现在楼顶或大型船只的甲板上,如图 6-32 所示。起降坪外形一般为圆形和方形,并有明显的字母"H"标志,字母外面通常有正方形或三角形外框,颜色通常采用醒目的白色或黄色。

图 6-30　直升机场

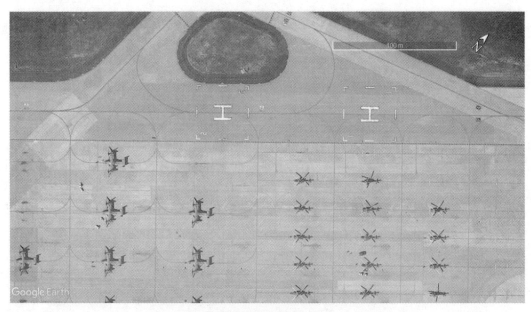

图 6-31 位于集体停机坪附近的直升机起降坪

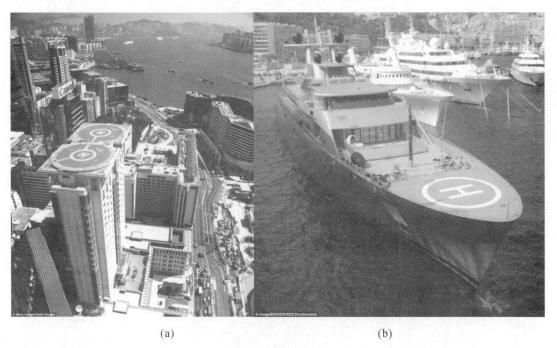

(a)   (b)

图 6-32 位于建筑顶部和船只上的直升机停机坪

3. 水上机场

水上机场是供水上飞机起飞、降落、停放、维护和组织飞行保障行动的场所。水上机场包括水区及其相邻的沿岸陆区两个部分。其水区有供飞机水上起降的水域,供飞机停泊的港区,飞机疏散的水域,还有配套使用的辅助船只和设备。

水上机场的识别特征有：通常位于军港区域范围内或建筑在沿海、湖泊、河湾等地，占地面积较小，建在波浪相对平缓的水域；岸上一般有机库等建筑设施，飞机多停靠栈桥码头，有时可见机身二侧的浮筒（见图6-33(a)和图6-33(b)）；有时有一个通向起落场，与水面连接并逐渐向水中倾斜的长方形倾斜滑道，在空中照片上，色调较浅（见图6-34）。

(a)

(b)

图6-33　水上机场一

(a)现场照片；　(b)空中照片

图 6-34 水上机场二

4.农牧场机场

农牧场机场的特征有:位于农场、牧场之中,周围有庄稼或草地。飞机一般为轻型的私人飞机,跑道较短,地面设施较少。如图 6-35 和图 6-36 所示。

图 6-35 农牧场机场地面照片

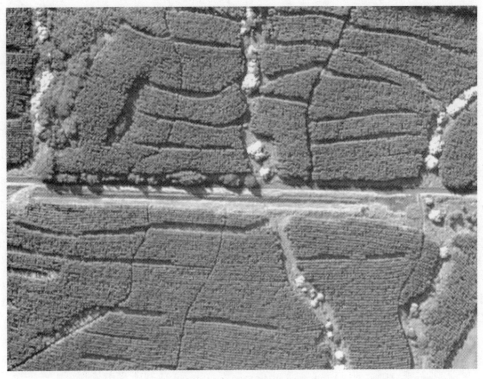

图 6 - 36　农牧场机场空中照片

5. 冰上机场

冰上机场一般位于南北极较稳定的冰面之上,离科学考察工作站较近,跑道为平整的冰面,无滑行道及联络道,地面设施较少且为移动式,有简易公路相连。如图 6 - 37 所示。

图 6 - 37　冰上机场

第7章 船只的判读

船只是能航行或停泊于水域中进行运输和作业的人造交通工具。按不同的使用要求而具有不同的结构、装备和性能。其中民用船只一般称为船,小型船只称为艇或舟,大型军用船只一般称为舰。

7.1 典型军用舰船的判读

军用舰船包括作战舰艇与辅助舰船,是在军队编序之内配有一定数量的人员、武器或专用装备,主要在海洋上进行作战行动和作战勤务保障的船只。

舰艇的种类很多,按其战斗活动的性质,通常分为战斗舰艇、特种舰艇、辅助舰艇和基地浮动工具等四类。在每一类舰艇中,根据它们所担负的不同任务,又分为许多舰种和舰级。不同舰种,由于它们在战术、技术性能方面有着不同的特殊要求,因而在形状、大小、舰面设备和武器装备等方面也就有着不同的特点。因此,要在空中照片上识别各种舰艇,区别舰级,就必须了解每一种舰艇的特点和不同舰级之间所存在的各种差别。

7.1.1 航空母舰

航空母舰是以舰载机为主要武器,并作为其海上活动基地的大型军舰。其使用已有90余年的历史,目前世界上有10个国家拥有现役航母,共20余艘。

航空母舰的识别特征十分明显,主要包括:

(1)舰体庞大,甲板空旷,而且平面形状特殊,通常呈斜角形或矩形,长度约为160~350 m,宽度约为30~80 m。大中型航母的舰载机依靠蒸汽弹射器弹射起飞,在大比例尺的空中照片上可以看见舰首部的弹射器,美国、法国的现役航母均属此类;中小型航母一般依靠滑越式甲板起飞,其舰首处明显上翘,除美、法外的其他国家的现役航母,一般属于此类。

(2)舰桥规整而集中,烟囱(核动力航空母舰无烟囱)、舰桅、观通设备的天线等一般均配置于舰面右舷中部,统称为舰岛。武器装备较少,火炮和导弹发射架均安装于两舷、舰尾甲板下的外侧或舰岛前后。

(3)一般不单独活动,航行时通常位于编队中央,反潜航空母舰位于舰船编队的前方。

判读航空母舰的舰级,可根据飞行甲板的形状和大小,升降机、弹射器的数量和位置,舰载机的类型和数量等方面的差别加以判定。在识别舰载机的类型时,必须注意其形状上的一些变化,因为有些航空母舰为增加载机数量,常常将舰载机机翼向上折叠起来,从而改变了飞机的外形特点。

判读航空母舰,除了上述共性特征外,还应注意不同国家所装备的航空母舰的个性特征(见图 7-1~图 7-4)。

图 7-1　美军尼米兹级航空母舰

图 7-2　法军土伦基地的"戴高乐"号航空母舰

图 7-3　英军"无敌"级航空母舰

图 7 - 4　意大利"加富尔"(Cavour)号轻型航空母舰

7.1.2　巡洋舰

巡洋舰是一种主要在远洋活动、具有多种作战能力的大型水面战斗舰艇。它的基本使命是担负舰艇编队的对空防御,抗击对方舰艇的攻击,遂行反潜、巡逻、掩护、支援、侦察等各种作战任务。巡洋舰具有独立作战能力和指挥职能。

现代巡洋舰有完善的武器系统,通常有导弹(对空、对舰、对潜)、鱼雷、火炮等。目前,由于它配备了完善的电子探测和观测通信设备,所以,巡洋舰的遥控、指挥能力大大提高。

随着现代驱逐舰日趋大型化和综合功能的提高,驱逐舰与巡洋舰非常类似,划分界限已经不太明显。目前全世界只有 20 多艘巡洋舰,其中绝大部分是美军的提康德罗加级导弹巡洋舰(见图 7 - 5)。

巡洋舰的主要识别特征有:

(1)平面形状细长,舰首较尖,舰尾大多呈方形、椭圆形和梯形,长度约 140～250 m,宽度约 15～28 m。

(2)舰桥位于甲板中部或中部靠前,舰面建筑物较为集中、庞大,通常有 2 座烟囱(核动力巡洋舰无烟囱),两个桅杆。

(3)通常装备反潜或多用途直升机 1～2 架,在舰尾有直升机平台或机库。

(4)在遂行战斗活动时,常与其它舰艇编队或与航空母舰伴随航行。

7.1.3　驱逐舰

驱逐舰最早是专门用于对付鱼雷艇的,叫鱼雷艇驱逐舰。现代驱逐舰已经从过去一个力量单薄的小型舰艇,发展成一种多用途的中型军舰,被称为"海上多面手"。除了名称留下一点痕迹之外,驱逐舰已经失去了它原来短小灵活的特点,已成为各国海军力量的重要组成部分,是现代海军舰艇中,用途最广泛、数量最多的舰艇。图 7-6 和图 7-7 是美军"阿里·伯克"级驱逐舰。

(a)

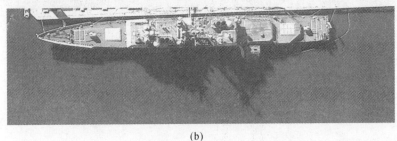

(b)

图 7-5 美军的提康德罗加级导弹巡洋舰
(a)地面照片; (b)空中照片

图 7-6 美军"阿里·伯克"级驱逐舰(地面照片)

图 7-7　美军"阿里·伯克"级驱逐舰(空中照片)

驱逐舰的主要识别特征包括：

(1)平面形状细长,舰首较尖,舰尾多呈方形,长度约 110～180 m,宽度约 10～17 m,长宽比约为 10/1。

(2)舰桥位于中部或中部靠前。桅杆 1～2 个,其中主桅紧靠舰桥后部。桅杆上部,装有导航雷达、对空警戒雷达、对空跟踪雷达、对海警戒雷达、炮瞄雷达、导弹制导雷达等天线。

(3)烟囱通常为 2 个(核动力驱逐舰没有烟囱),位于舰面中段,呈前后对称排列。

目前,一些国家的海军舰艇,舰上设备向模块化、集装箱式结构发展。这种结构的舰面建筑反映在空中照片上规整平滑,甲板空旷。

7.1.4　护卫舰

护卫舰是一种主要遂行护卫作战任务的水面战斗舰艇。它主要担负护航、警戒、巡逻、反潜及支援等任务。护卫舰的排水量一般在 1 000 t 以上,最大的护卫舰排水量达到 4 400 t。

护卫舰的平面形状与驱逐舰基本相同,舰首较尖,舰尾多呈方形;长度约 81～137 m,宽度 9～14 m,长宽比为 7～9;舰桥位于中部或中部稍前的甲板上;舰面建筑结构和巡洋舰、驱逐舰相比较,显得松散;绝大部分护卫舰是一个桅杆、一个烟囱。

在空中照片上,护卫舰和驱逐舰的平面形状和舰面布置形式都很相似,但是,二者的大小特征、武器装备、桅杆和烟囱的数量和位置等方面均有不同程度的差别,因此,在识别护卫舰时,应注意相互对比、综合分析,以免和驱逐舰棍淆。如图 7-8 所示为美军的三种军舰。

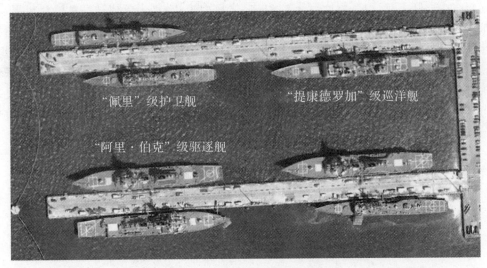

图 7 - 8　美军的三种军舰对比

7.1.5　潜艇

潜艇是一种能在水下进行战斗活动的舰艇。

潜艇在建筑结构上一般采用圆柱形双层壳体,内外层之间是水柜,通过调节水柜控制潜艇的沉浮。潜艇中部附近有一高出艇甲板的舰桥,在舰桥围壳上安装有潜望镜、雷达无线电天线及排气口等设备。

各类不同潜艇的大小相差很悬殊,长度从 66.8 m 到 170 m,宽度由 5.5 m 到 13 m,最大潜艇长达 170.7 m,宽 12.8 m,排水量通常在 1 600 t 以上,最大的潜艇水下排水量达 18 000 t。

潜艇艇面设备简单,仅有一个不大的指挥塔,位于艇面中部或中部靠前三分之一处,指挥塔的顶部呈前圆尾尖的长点状或扁长形状(见图 7 - 9)。

图 7 - 9　码头停泊的潜艇

　　潜艇在水面状态航行时,艇首部分常有"人"字形的浪花,整个艇体被白色浪花包围,其尾部的浪花呈"八"字形,和水面舰艇的浪花有明显的区别。当海水刚好淹没艇身,甲板和指挥塔露出水面的状态叫做潜艇的半潜状态。半潜状态的潜艇,其形状不易分辨,波形也不很规则,这时识别潜艇的主要依据是指挥塔的图像。海水淹没全部艇身,通气管露出水面时,叫做潜艇的通气管状态。这时要充分注意通气管和潜望镜所激起的前尖后宽的白色浪花,比例尺较大时,可以看到通气管和潜望镜的图像。当潜艇在水深 20 m 以内,海水透明度高,图像质量较好时,可以发现潜艇的暗影。如图 7 - 10 所示。

(a)

(b)

图 7 - 10　半潜状态与通气管状态的潜艇

7.2　典型民用船只的判读

7.2.1　油船

油船是专门用来载运油料的船只。目前的油船载油量从几千吨到几十万吨,差别很大。

油船的动力装置和烟囱一般均在船尾,驾驶室在船尾的也较常见,但大型油轮驾驶室多在中部。在油船的仓内,设置纵横隔仓,以增加装载量和提高生命力。油船上设有步行桥,用以沟通船首、船尾。仓面甲板空旷,只有少量起重设备,在空中照片上较易识别(见图7-11和图7-12)。

图7-11　油船

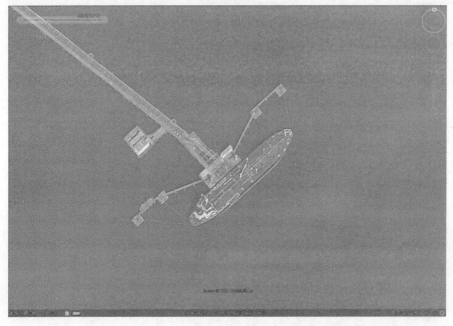

图7-12　停靠在油码头的油船

7.2.2 货船

货船是专门用来载运各种货物的船只,其排水量从几千吨到几万吨。

杂货船是用来装载成包、捆、箱的干货和杂货的船舶。船上的装卸设备有各种型式的吊杆(柱式吊杆较多)和大型货仓口〔见图 7 - 13(a)〕。

散货船是用来运输大宗散装货物的船舶〔见图 7 - 13(b)〕。按其所装货物,分为煤船、矿砂船、粮船等。矿砂船一般吨位较大但舱容较小,所以仓口显得略窄,甲板上无起货设备,利用岸上的传送带装卸(见图 7 - 14)。

(a)

(b)

图 7 - 13 杂货船和散货船

(a)杂货船; (b)散货船

图 7-14　矿砂船

　　目前,集装箱已成为杂货运输的主要运输手段。集装箱是一种有一定规格的牢固箱体,它的优点是能够实现门对门运输,减少包装费用和货损、货差,大大提高装卸效率。它的识别特征是甲板上没有吊杆和起重设备,仅有一排排整齐的箱子(见图 7-15)。

图 7-15　集装箱货船

7.2.3　驳船

驳船一般无自航能力,需拖船或顶推船拖带,常与拖船或顶推船组成驳船船队,航行于狭窄水道和浅水航道,并可根据货物运输要求而随时编组,适合内河各港口之间的货物运输。驳船的特点是设备简单、吃水浅、体积大,在空中照片上,驳船通常呈两舷平直的长条形〔见图7-16(a)〕。

少数增设了推进装置的驳船称为机动驳船〔见图7-16(b)〕。机动驳船具有一定的自航能力,如货驳、油驳、泥驳、石驳、矿砂驳等。

(a)

(b)

图7-16　驳船
(a)空中照片；　(b)地面照片

7.2.4　挖泥船

挖泥船是用来挖掘水底泥沙的船只,也叫疏浚船,有抓斗式、铲斗式、吸扬式、链斗式和耙吸式等多种类别。判读挖泥船应根据其挖泥设备进行识别,同时,应注意与起重船的区别。图7-17所示为亚洲第一大自航绞吸挖泥船"天鲸"号。

(a)

(b)

图 7 - 17　亚洲第一大自航绞吸挖泥船"天鲸"号
（a）近景照片；　（b）空中照片

7.2.5　客船

客船是运送旅客的船舶，远洋客船又称为邮船。客船有多层甲板和许多仓室，以适应人们旅途生活的需要。其外型美观清秀，上层建筑为房间式仓室，有一排排整齐的舷窗（见图 7 - 18）。

客货船既可运送旅客，又能装送货物，船上除旅客居住、生活的多层甲板和仓室外，还有数量不多的起重吊杆，用以装卸货物。

图 7 - 18   远洋客船

7.3 港口浮动工具的判读

港口浮动工具是用来保障各种船只在港口内或海上停泊时所需要的设备。这里主要介绍浮船坞、起重船、拖船等浮动工具的判读。

7.3.1 浮船坞

浮船坞是用来修理各种舰船的具有机动性能的一种专门设备。其中间为凹下的坞底,铺有许多墩木;两舷为凸起的坞壁,是两垛空心钢墙浮船坞工作时,先将船坞灌水下沉,仅露出舷墙,等待修船只进坞后,将水抽出,船坞上浮,船只便搁置于墩木上,即可修理。在浮船坞上有各种修船用的加工机械和设备,它可以根据需要拖至任何海区,是一座水上修船厂。

浮船坞在空中照片上呈长方形盒状,两舷平直,并有各种起重设备。工作时,在坞的中间有正在修理的舰艇(见图 7 - 19)。

7.3.2 起重船

起重船又叫浮吊,分自航式和拖带式两种。船上装有起重机,起重能力从几吨到上百吨(见图 7 - 20)。

起重船的船体通常呈长方形或椭圆形,船首部分装有起重机或起重吊杆,起重设备呈塔式细线状,有明显的阴影。

图 7-19　浮船坞

图 7-20　起重船

7.3.3　拖船

拖船是专门用来担负水上拖曳任务的船只。它分为远洋拖船、近海拖船、锚地拖船、港内拖船和内河拖船。

　　各种拖船的共同特点是发动机功率大,主机功率从 400 kW 到 1 000 kW 以上,机动性能好,有专用拖带设备、灭火器材和排水器材。

　　拖船的主要识别特征是船身小,主机功率大,烟囱比较明显,通常位于中部,本身没有装卸能力,船体形状多为椭圆形(见图 7 - 21)。

(a)

(b)

图 7 - 21　拖船

(a)近景照片;　(b)正在拖动滚装驳船的拖船

第8章 港口的判读

港口是具有水陆联运设备和条件,供船舶安全进出和停泊的运输枢纽。对港口的判读,必须了解港湾水工建筑的一般特征,和不同类型港口的基本特征。

8.1 港湾水工建筑物的判读

为保证船舶驻屯、停靠和进行补给、运输等活动的正常进行,各种港口都有一定的工程设施,如码头、防波堤、滑道和船坞等,这些设施称为港湾水工建筑。

8.1.1 码头

码头是保障船舶停靠,以便上下人员和装卸物资的水工建筑物。码头按配置形式分为顺岸码头(横码头)和突堤码头(纵码头)。

由于码头一般都有明显的轮廓,并且与水面的色调有着较大的差别,所以反映在照片上特征明显,常呈现为色调较浅的长条状。

顺岸码头适于水流较大、水道狭窄的水区,其常见的形式有栈桥式码头和岸壁式码头两种。在空中照片上,栈桥式码头的主体呈现为一条与岸边平行的长条状,并有引道与岸边连接;而岸壁式码头因为码头本身不突出于岸边,所以其特征不甚明显,判读时可根据停靠在岸边的舰船和装卸设备等进行判定(见图8-1)。

突堤码头坚固耐用,停靠效率较高,适于水域宽广、水流平稳的水区。反映在空中照片上。突堤码头呈现为一条由岸边伸向水面的长条状(见图8-2)。

活动码头具有机动性好、架设速度快、适应潮汐(水位)变化、便于干舷较低的舰艇停泊等优点,适于作为基地的临时停泊、补给码头使用。其常见形式有装配式码头、趸船浮码头和沉浮式码头。装配式码头由若干钢质小浮箱临时拼装而成。趸船浮码头由引道、引桥和趸船连接而成。沉浮式码头是在预定的位置上将码头预先沉入水底,使用时经过充气、排水将码头浮出水面。

在空中照片上,引桥和趸船是识别趸船浮码头的主要依据(见图8-3)。

判读码头的运输性质,应根据码头上的建筑物、装卸设备的特点和码头上所停靠的船舶类型分析确定。如油码头,就可以根据码头与油库的关系位置,它们之间的道路联系以及加油设备来判断(见图8-4);旅客码头一般设有候船室,码头上装卸设备较少,附近常停靠客船;在粮食码头,粮食仓库的识别特征比较明显(见图8-5)。

(a)

(b)

图 8-1　栈桥式码头和岸壁式码头

(a)栈桥式码头；　(b)岸壁式码头

图 8-2　突堤码头

图 8-3　趸船浮码头

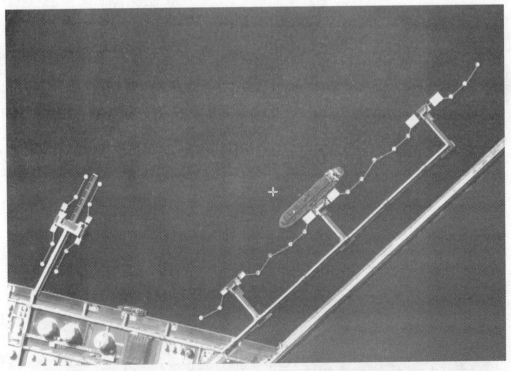

图 8-4　油码头

图 8-5　粮食码头

8.1.2　防波堤

防波堤是用来防护港内水域免受波浪、泥沙和浮冰侵袭的一种水工建筑物。防波堤按平面位置分为突堤(一端与岸相连)和岛堤(两端均与岸不相连)两类,按结构分为斜坡式、直立式和混合式,也有一些特殊形式的防波堤,如透空式、浮式、喷水式和喷气式。

反映在空中照片上,防波堤一般呈现为较整齐的白色窄带状,与海水形成鲜明的对比(见图 8-6)。有些突堤式防波堤加宽以后,即变成突堤码头(见图 8-7)。

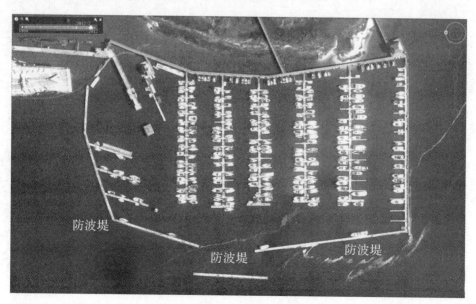

图 8-6　防波堤

图 8 - 7　加宽的突堤式防波堤

8.1.3　滑道和修船台

滑道是一种修理船只的水工建筑物,用来从水中升起舰船并将其转送到岸上进行修理和保养。它是一个由岸上伸向水中的斜坡,上面设有平行的轨道。根据舰艇升降方向的不同,分为纵移滑道(见图 8-8)和横移滑道(见图 8-9)。

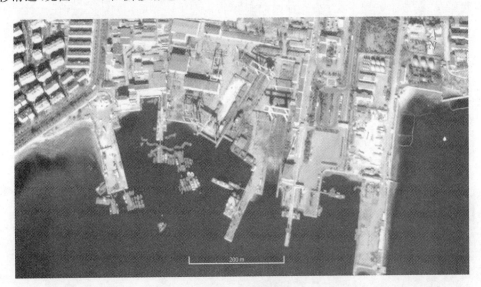

图 8 - 8　纵移滑道

图 8-9　横移滑道

纵移滑道提升力较大,机械设备布置简单,适用于舰船吨位较大,修船台位少,水域较宽的水区。一般修船厂多采用纵移滑道。

横移滑道提升力小,不适于较大的舰艇,一般鱼雷艇基地采用较多。

8.1.4　干船坞

干船坞是一种通过抽水实现对船舶进行出水检查、修理的封闭的船池。干船坞的位置都在岸边,一端与水衔接,反映在空中照片上呈现为与舰船形状相似的槽形,常常有明显的阴影,有时在船坞的附近还可以看到呈圆形或方形的排水机房及高大的起重设备等(见图8-10)。

在修船台、船坞附近岸上,有为修理舰船服务的基本生产车间(见图8-11)。

图 8-10　干船坞及附属设施

图 8 - 11　干船坞的位置特征

8.2　港口的分类判读

8.2.1　港口的分类

港口按地理位置分为海港、河港和河口港。海港,即在自然地理条件和水文气象方面具有海洋性质的港口。其中海岸港,位于有掩护的或平直的海岸上,主要为海上运输服务,如中国的湛江港和榆林港等;河港,即位于河流沿岸,并有河流水文特征的港口,包括江、河、湖和水库等岸线处,为内河运输服务,如中国的南京港、武汉港和重庆港等;河口港,位于入海河流河口段,或河流下游潮区界内,为内河和海上运输服务,如中国的上海港、荷兰的鹿特丹港、美国的纽约港和德国的汉堡港等。

港口按用途分为商港、军港、军商两用港、工业港和渔港等。商港是以一般商船和客货运输为服务对象的港口,也称贸易港,如中国的上海港、大连港、天津港和荷兰的鹿特丹港、美国的纽约港、德国的汉堡港、日本的神户港等;军港用于舰艇等军用船舶停靠;军商两用港用于军用船舶和商用船舶共用港口,但码头区域分开,如中国的青岛港、台湾的基隆港;工业港是厂矿企业的专用港口,如大连市的甘井子化工码头、上海市的宝山钢铁总厂码头等;渔港是为渔船停泊、鱼货装卸、鱼货保鲜、冷藏加工、修补渔网和渔船生产及生活物资补给的港口,如中国舟山的定海港等

8.2.2　军港的判读

为保障海军兵力驻泊和机动而建设的海岸地域和沿海地区,称为军港或海军基地。

军港是一个复杂的组合目标,判读时,应根据港内各种主要设备的数量、规模和分布位置、港内停泊舰艇的类型和数量等方面综合考虑,从而确定基地的性质。

　　大型军港一般都具有比较完善的码头、防波堤和修船设备(包括干船坞、滑道、修船台和基本生产车间等)。在与驻泊点相毗连的岸上地段,设有油库、弹药库等库房;设有岸防部队的阵地以及雷达站等;设有各种建筑。此外,舰艇基地还设有导航站、信号台及灯塔、灯船、浮标、立标等为引导和协助舰艇航行而设置的标志。图 8-12~图 8-14 分别是三个大型海军基地,基地内都停泊了大量的军舰,包括航空母舰。

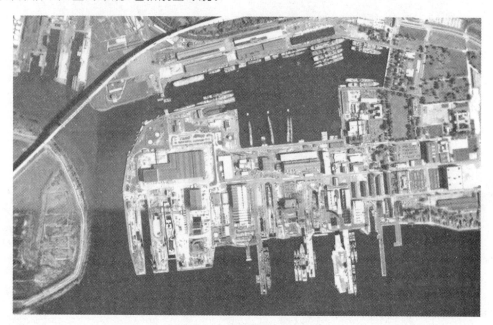

图 8-12　美国费城海军基地

图 8-13　印度孟买海军基地

图 8-14　英军朴茨茅斯基地

8.2.3　商港的判读

商港是铁路、公路、内河水路和海路相联系的交通运输的枢纽,是大量货物的集散地,在一定的条件下,也可以作为海军基地使用。

商港作为一个庞大的交通运输枢纽,港内建筑设备的设置和部署,均以提高货物的装卸和运输能力为目的。商港一般具有一定规模的铁路运输网,有些商港附近还设有专用编组站,铁道线可直接通向码头和仓库。

商用码头多为岸壁式码头和宽大的突堤码头,一般面积较大,装卸设备完善,仓库及货物堆栈较多,集装箱码头可见规模较大的集装箱堆放场及成排的塔吊(见图 8-15)。

图 8-15　商港

8.2.4　其它专用港口的判读

1. 游艇港口

游艇港一般背靠城市或别墅,其岸上部分一般有明显的停车场及附属建筑。与其它船只相比,游艇一般较小,颜色通常为白色,式样、大小基本相似。如图 8-16 和图 8-17 所示。

图 8-16　游艇港地面照片

图 8-17　游艇港空中照片

2. 客运码头

客运码头一般设有候船室,码头上装卸设备较少,附近常停靠客船。登船码头一般为突堤或栈桥式码头。客轮的大小、式样基本一致,有较好的道路连接,岸上有停车场及候船室。如图 8-18 所示。

(a)

(b)

图 8 - 18 某客运码头的地面照片和空中照片

(a)地面照片; (b)空中照片

3. 渔港

渔港的规模一般比商港小,交通比较方便,无起吊装置及集装箱堆放场,内部停放的船只大小、颜色、式样不会一致。设施完善的渔港会有储存、冷冻、分装的厂房。如图 8 - 19 和图 8 - 20 所示。

4. 渡口

渡口分为客渡和车渡。客渡的船只较小,一般位于不宽的无桥河道上,通向渡口的为小

路,设施简易(见图 8-21)。车渡的船只较大,一般位于河、湖、海峡的航道上,通向渡口的为
公路,以保证车辆可直接开到渡船上,设施完善(见图 8-22)。

图 8-19　渔港的地面照片

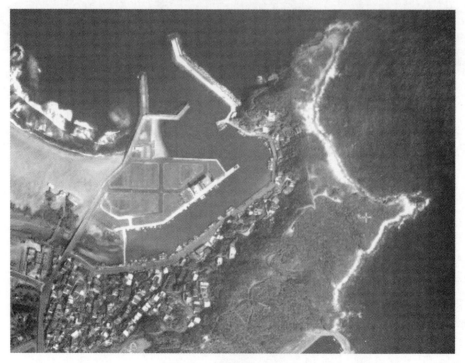

图 8-20　渔港的空中照片

图 8 - 21　客运渡口空中照片

图 8 - 22　汽车渡口空中照片

第9章　常见民用目标图像的判读

第 5～8 章分别对飞机、机场、船只和港口的判读进行了介绍,这几类目标都是典型的军用目标。由于判读员在实践中必须面对各种目标,本章针对常见目标的判读,选择了一些有代表性的图像实例进行简单地介绍,在此基础上,对同类目标的一般识别特征(或解译标志)进行归纳与总结,以帮助读者识别更多的类似目标。

9.1　居　民　地

人们按照生产和生活需要而形成的集聚定居的地区叫居民地。根据居民地规模的大小和人口的多少,居民地分为村庄、集镇和城市等类型。

村庄,是较小的居民地。人口不多,一般不超过千人,房屋结构简单,但相对集中成片。其特点是占地面积不大,星罗棋布地分布在平坦地形和丘陵地之上。周围有大片耕地,村庄与村庄之间有道路相连。人口稠密地区,村庄密度较大,而人烟稀少的地区,村庄密度较小。

集镇,是一种较大的居民地。人口相对集中,大的居民地人口可达数万人。房屋较多,但建筑形式比较简单。集镇大多为县(旗)和区(乡)级机关所在地,是较小区域内的政治、经济、文化中心,同时也是人们进行贸易和交换的集市,商业门市和文化娱乐场所相继出现,道路呈放射状态通向周围的村庄。丘陵地的集镇,街道比较曲折,房屋布置分散;平原上的集镇,一般靠近道路或江河两侧,街道比较平直,房屋密集。

城市,是国民经济(企业、交通等)和居民文化生活等各种物质设施的综合体,是人类聚居高度集中的地域。城市的形成和发展,主要受制于社会物质生产方式,但同时也受城市自身条件的影响。

对居民地的判读,必须与当地的具体情况结合起来进行分析,才能得出正确的结论。

图 9-1 显示的是城镇住宅区。城镇住宅区一般为多层或高层建筑,其规划与当地的经济发展水平有关。在美国,除纽约、洛杉矶等少数城市外,居民房屋一般为 2～3 层别墅。而落后地区及国家一般为单层且街道缺少规划。

图 9-2 为典型的散列式居民地。散列式居民地一般位于落后地区及地势起伏的山区,仅有等级不高的道路相连,房屋间距较大,高度大都在三层以下。特殊情况如蒙古包、非洲的茅草房。

图 9-3 为典型的聚居式居民地。聚居式居民地一般位于中国北方干旱地区及相对发达地区的农村,一般有大车以上道路相通、一条以上的主要街道。较大的村庄有时有学校、小型工厂。

图 9-4 为典型的窑洞式居民地。窑洞式居民地一般位于黄土地貌冲沟的两侧,形式有崖壁(陕北)和地下(晋南)二种,多数有一小院,可见窑洞前的立面,其排列随地势,多不整齐。

(a)

(b)

图 9-1　城镇住宅区

(a)地面照片；　(b)空中照片

(a)

图 9-2　散列式居民地

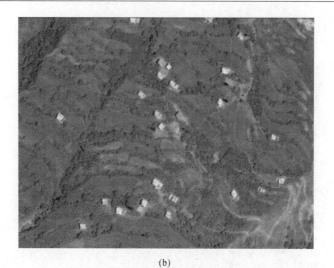

(b)

续图 9-2　散列式居民地

(a)

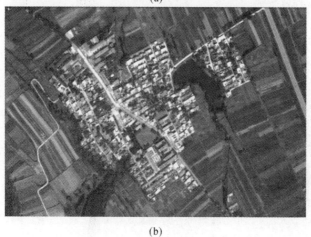

(b)

图 9-3　聚居式居民地

(a)

(b)

图 9 - 4　窑洞式居民地

　　图 9 - 5 为蒙古包。蒙古包为蒙古族、哈萨克族等少数民族的典型住所,一般为白色,位于草原之上,离水源较近,多分散分布,边上有棕色的不规则的土地(牛羊圈)。藏族的帐篷与之不同,一般为长方形,多为黑色。

　　图 9 - 6、图 9 - 7 分别为中国的土楼和碉楼。土楼为旧时客家民居,大多位于福建山区。一般为方形、圆形或椭圆形,颜色多为灰黑色,其间夹有其他民房。碉楼为旧时羌族民居,是羌族人用来御敌、储存粮食柴草的建筑,一般多建于村寨住房旁。碉楼的高度在 $10 \sim 30$ m 之间,形状有四角、六角、八角几种形式,有的高达十三四层,呈烟囱状,阴影较长、较细,其间夹有其他民房,易同烟囱混淆(农户烟囱在房顶或墙边较小,一般看不见)。

(a)

(b)

图 9-5　蒙古包

(a)

图 9-6　中国的土楼

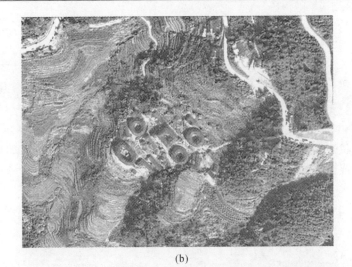

(b)

续图 9 - 6　中国的土楼

(a)

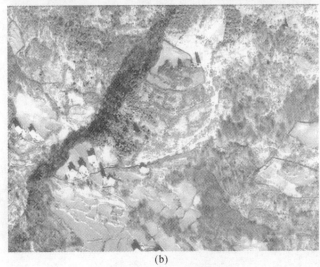

(b)

图 9 - 7　中国的碉楼

9.2 文化设施与场所

本节列举一些公共文化设施和专门场所的图像。公共文化设施一般指由政府部门出资修建的场所,如学校、宗教场所和文化、休闲等服务设施。

图9-8为小型运动场。小型运动场一般分为排球、篮球、羽毛球和网球等,可通过尺寸、边线和底线的形状来确定。西方发达国家一般爱打网球,亚洲为羽毛球。如果球场集中的话,一般为运动中心或为大学的场地。

(a)

(b)

图9-8 小型运动场

图 9-9 为 F1 赛场。F1 赛场一般包含一条直道和多条弯道,占地面积较大。有看台和停车场,跑道多呈灰黑色,一般位于发达国家大城市的近郊。F1 赛场的形状同汽车试车场较为相似,但后者无看台,有多种性质的路面。

(a)

(b)

图 9-9　F1 赛场

图 9-10 为跑马场。跑马场与常规的田径场形状相似,但田径场一般为 400 米标准跑道,分为有看台和无看台二种,中间通常为足球场,而跑马场的跑道长度和宽度都大得多,其跑道一般为草地性质,在场地中间有时可见马厩和饮马池。若在中东阿联酋及沙特等地也可能为骆驼赛场。

图 9-11 为澳大利亚悉尼歌剧院。著名的文艺场所一般交通比较方便,停车场较大。形状与一般建筑不同,多奇形怪状,与周边建筑形成鲜明对比。

(a)

(b)

图 9-10 跑马场

（注意右图中跑马场与旁边田径场的大小对比）

(a)

(b)

图 9－11　澳大利亚悉尼歌剧院

　　图 9－12 为西安世博园公园。大型公园一般多绿地、凉亭、水面、树木，房屋较小且大小、颜色、形状多不一致。内部路多弯曲成网状，水面大的湖泊有时有码头和游船。

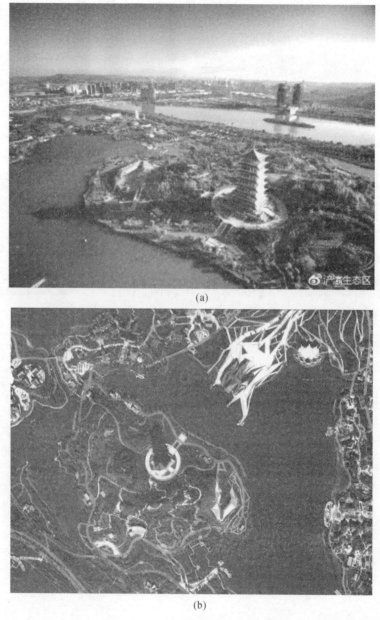

(a)

(b)

图 9-12　西安世博园公园

　　图 9-13 为西安某大学校园。中国的大学一般都有一到二个环型标准跑道运动场,多个羽毛球、网球、篮球、排球和乒乓球场地,教学区、图书馆和宿舍区区分明显。西方国家的大学通常无围墙,与周边的界限较难区分。

　　图 9-14 为西安某中学。中学一般有一个环型标准跑道运动场,少数学校有不多的羽毛球、篮球、排球或乒乓球场地,一般无图书馆,教职工宿舍较少。在落后及农村地区的运动场所多为土质场地。

图 9 - 13　西安某大学校园

图 9 - 14　西安某中学

　　图 9 - 15 为西安某小学。城市小学一般有一个运动场，教室不多，基本上无教工宿舍。贫困地区或山区小学的运动场不明显，一般为土跑道且不标准或只是一块空地。

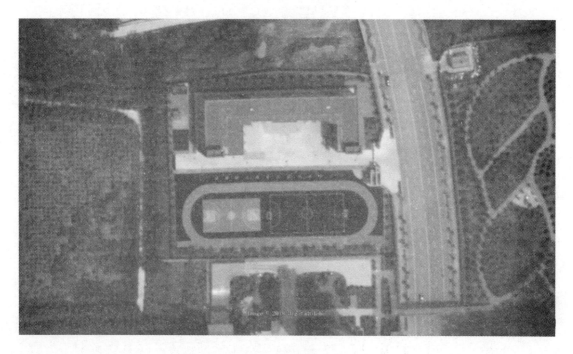

图 9 - 15　西安某小学

图 9 - 16 为西安某幼儿园。幼儿园的特征是占地和建筑面积均不大,运动场通常铺设假草坪,可见色彩多样的滑梯和城堡,或有一到二个小的直线型彩色跑道,不会有假山或水塘等危险因素。幼儿园经常位于学校、社区或较大的单位之内。

图 9 - 16　西安某幼儿园

图 9-17 和图 9-18 均为汽车驾驶学校。综合性汽车驾校一般位于市郊偏僻之地,占地面积较大。内部明显可见有直道、弯道、"8"字形道路以及坡道等,有时还会有不同颜色的道路及水坑,入口处有办公室及停车场。

图 9-17 汽车驾驶学校(一)

图 9-18 汽车驾驶学校(二)

图9-19中蒙古包集中、排列整齐,但明显不是天然放牧的草原,而是一处以餐饮为主的旅游休闲娱乐场所,又称农家乐。农家乐是一种新兴的旅游休闲形式,是农民向城市现代人提供的一种回归自然从而获得身心放松、愉悦精神的休闲旅游方式。农家乐常位于城郊,多数有鱼塘、凉亭、停车场,或直接靠近自然或田园风光,空气清新,环境优美,可以餐饮和住宿。

图9-19 蒙古包式农家乐

图9-20为上海迪士尼游乐园,是一个大型主题游乐场。大型游乐场一般位于城郊,有便利的交通和与之规模匹配的大型停车场,有大小、形状、颜色不一的建筑,多数有假山、湖泊及河流,内部道路曲折而密集,有时可见各种滑道、索道及摩天轮等典型娱乐设施。

图9-20 上海迪士尼游乐园

　　图 9-21 为朝鲜金日成广场工农兵雕塑。大型雕塑一般位于城市中心广场和道路转盘，小型雕塑一般位于办公楼前后和公园等地方，形状、大小、高低各异，道路通行状况良好。

　　图 9-22 中央为天安门广场国旗杆。单个旗杆一般位于广场之上，或政府、学校等单位的办公大楼前。多个旗杆一般位于会展中心或大型酒店、宾馆前。杆的阴影细长，其顶端有三角或长条形的旗帜阴影。

图 9-21　朝鲜金日成广场工农兵雕塑

图 9-22　天安门广场国旗杆

　　图9-23为梵蒂冈大教堂。基督教包括天主教和东正教,其教堂多分布在欧美国家,一般位于社区中心,通常为单体结构,有穹顶,屋顶形状多数为十字形。

　　图9-24为土耳其蓝色清真寺。伊斯兰教建筑多分布在中东及东南亚部分国家,常位于社区附近,一般也为单体结构,有多个穹顶、四周多高塔立柱、有星月标志,颜色多为灰色、淡绿色或蓝色。

图9-23　梵蒂冈大教堂

图9-24　土耳其蓝色清真寺

图 9 - 25 为西安大慈恩寺,是一组典型的佛教建筑群,中间较高的古塔为大雁塔。佛教建筑常见于亚洲多数国家,一般为一组建筑,由寺门、钟鼓楼、大雄宝殿、佛塔(泰国的寺庙里大小佛塔数量较多)等组成,塔身颜色多为金黄、灰色和灰黑色。

图 9 - 26 为一处公墓。公墓一般位置偏僻,有公路相连,前有停车场和接待室,有时有灵塔和亭子。墓位排列整齐,同一区域的墓位大小、颜色、形状基本一致。但国外公墓有时位于城市中心区域,或者教堂附近(如美欧),植被较好。特殊的有房屋式的墓地(如英德等国)。

图 9 - 25 西安大慈恩寺

图 9 - 26 公墓

图 9-27 为一处乱坟岗。乱坟岗多位于农村偏僻之地,农村多位于自留地内,通行道路等级不高,主要特点是坟墓及墓碑排列不整齐,其形状、大小、颜色均不一致。

图 9-28 为明十三陵德陵。皇家陵园通常规模较大,有专有道路进入,有地面建筑、围墙、神道及坟冢,且布局讲究。

图 9-27　乱坟岗

图 9-28　明十三陵德陵

图 9-29 中有细长阴影的物体为烟囱。烟囱一般位于砖瓦窑、锅炉房边及发电厂、工厂内,阴影较长且细,上细下粗,有时可见冒出的白烟。城市中由于集中供热单位烟囱较少,只可见城郊电厂和工厂烟囱。农户做饭、取暖的烟囱一般不可见。

图 9 - 29　烟囱

　　图 9 - 30 中心独立小目标为水塔。水塔形状分为倒三角及圆柱形,阴影明显,上粗下细,一般位于工厂、单位及学校等的一侧或后部,大城市通过供水管网很少有水塔。中东缺水地区水塔有多个在一起的形式,日本供水有时采用水罐形式。

图 9 - 30　水塔

图 9-31 为一处饲养场。饲养场一般位于城郊的农村地区,位置较偏。小型牲畜(如鸡、兔等)的饲养多在屋内,大型牲畜(如牛、羊、骆驼等)的饲养多有围栏及遮雨棚。大型饲养场一般有办公、储料及污水处理设施。

图 9-32 所示为一处大型批发市场。大型批发市场(特别是牲畜类)一般位于城郊,交通较为方便,有专用铁路或公路相连。房屋多为单层,一般为连片形式,停车方便、车辆较多。钢材批发市场可见龙门吊。

图 9-31 饲养场

图 9-32 大型批发市场

9.3 交 通 设 施

交通设施包括铁路、公路和车站、隧道、加油站、收费站、服务区等附属设施。新型的运输形式还包括地铁、轻轨、磁悬浮、高铁等。

图9-33为运行中的高铁。高铁路面全部为双线电气化铁路,铁路转弯半径较大,车站一般在市郊。高铁车辆首尾为子弹形车厢,通常为8节和16节二种形式。

图9-34是磁悬浮列车轨道。磁悬浮是高铁的特殊形式,其路面为双轨,没有二侧的供电线杆。中国现有的磁悬浮列车运营线路仅限于上海(龙阳路到浦东机场)和长沙(长沙南站到黄花机场),其共同特点是全程高架,大部分与公路平行。

图9-33 运行中的高铁

图9-34 磁悬浮列车轨道

图9-35为轻轨站。轻轨一般在首都、省城等发达城市才有,有时是地铁在城郊的延续形式。轻轨大部分为高架,双轨形式。轻轨站一般规模较小,通过人行天桥及台阶上下,有些类似小型客运站。

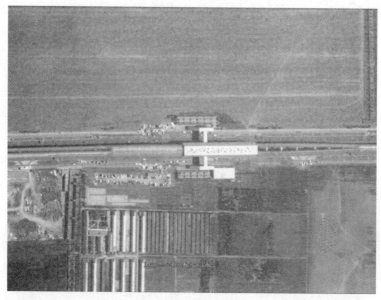

图9-35 轻轨站

图9-36为高速公路。高速公路的主要特征是全封闭和双向车道,一般宽度在20 m以上,中间有隔离带。特殊地区的隔离带较宽(如美国及澳大利亚),根据地形变化,如山道或河边,车道有时会出现上下、左右错开的形式。高速公路通常均设有收费站,多建于高速公路的进出口位置上。建有收费站的路段,路面明显宽于高速路段。高速公路通常还设有服务区,一般等间距建于高速公路的两侧。

图9-36 高速公路

图9-37为普通公路。普通公路(包含省道及县道)一般路面为灰黑色沥青或灰白色水泥性质,不封闭,道路边缘清晰。南方地区公路两边多带有行树,流动性沙漠地区两侧常有防护林(如中东地区),山区公路多盘旋及桥隧。

图9-38为简易公路。简易公路包含乡道、村道及发达地区的田间道路,一般连接欠发达地区或农村的村庄。路面为灰色碎石和灰白色水泥,不封闭,碎石道路边缘一般不整齐。

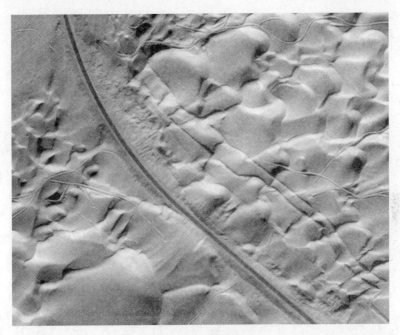

图9-37 普通公路

图9-38 简易公路

图 9-39 为铁路客运站。铁路客运站的规模随城市人口的多少而有不同，前有停车场、广场、候车室，后有长条形站台（有时为整体建筑），以及连接站台的走廊或地道。铁路到铁路客运站后成梭状，有时可见颜色、大小、式样基本一致的客运车厢。

图 9-40 为铁路货运站。铁路货运站附近可见众多的铁路支线和吊车，有大面积的集装箱堆放场。在铁路货运站有时可以见到颜色、大小、式样不一致的货运车厢、平板车或油罐车。

图 9-39　铁路客运站

图 9-40　铁路货运站

图9-41为铁路编组站。铁路编组站一般位置偏僻,占地面积很大,几十到几百条站线,长度一般3～10 km。铁路编组站分为三个梭状的区域(到达区、编组区、出发区),横向或纵向排列,在3个区域之间为驼峰和道岔。

图9-42为地铁站。地铁站通常位于十字路口或重要的商场、银行、单位附近,有二个以上的进出口。进出口地面建筑规模不大,一般对称分布于街道的两侧。地铁站容易同地下通道混淆。

图9-41 铁路编组站

图9-42 地铁站

图9-43为长途汽车站。长途汽车站一般位于县级以上城市,与公路网相联接。长途汽车站通常包含一个候车室和一个较大的封闭停车场。停车场有两个车辆出入口,场内可见大量的大小基本一致的大轿车。候车室前通常有用于外部车辆的停车场。乡镇以下的汽车站规模较小,一般为临时停靠点。

图9-44为高速公路服务区。高速公路服务区一般分为二个区域,对称分布于高速公路两侧(有时由于地形限制有单侧形式),通过涵洞或人行天桥相连。服务区内有停车场、加油站及餐饮服务设施,通过岔道和高速公路相连。

图9-43 长途汽车站

图9-44 高速公路服务区

图 9-45 为公路收费站。公路收费站一般位于城郊或高速公路的出入口,有一长条形建筑垂直横穿道路,对应路段明显变宽成梭状。有时可见车道隔离墩,较大收费站一侧一般有办公场所。

图 9-46 为加油站。加油站位于公路一侧,有出入二口,后有地面或地下油罐,一侧一般有厕所。房顶多为绿色或红色,主体建筑一般为长方形。

图 9-45 公路收费站

图 9-46 加油站

　　图9-47为公路隧道。隧道是公路、铁路通过山地、丘陵地、市区、海峡时为保持线路平直而开凿的山洞。山体隧道是高速公路通过山区的常见模式,其明显的特征是道路到达山体后有一整齐立面,然后突然消失于山体,形成"断头路"。高速公路一般为二个洞口,形成双向隧道。

　　图9-48为船闸。船闸一般位于水位有落差的河段,有二个闸门组成。与水库大坝一体的船闸,常位于大坝一侧,一般因为水位落差较大,船闸采用多级形式。

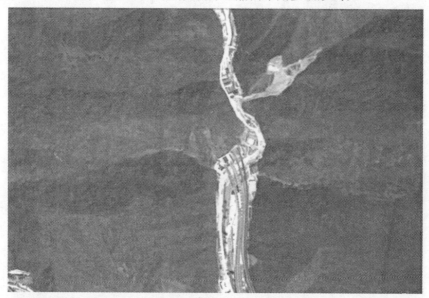

图9-47　公路隧道

图9-48　船闸

图 9-49 为日本东京地区的某楼顶停车场。楼顶停车场有盘道或升降机上下,停放的车辆为小型车,一般会有停车标志线。

图 9-49　日本东京地区的某楼顶停车场

图 9-50 为立体停车场。立体停车场是一种利用垂直纵深拓展车辆容量的现代化停车场,它通过升降机上下输送车辆,外表看上去是一栋无窗户的高层建筑,一般周围有地面停车场。

(a)

图 9-50　立体停车场

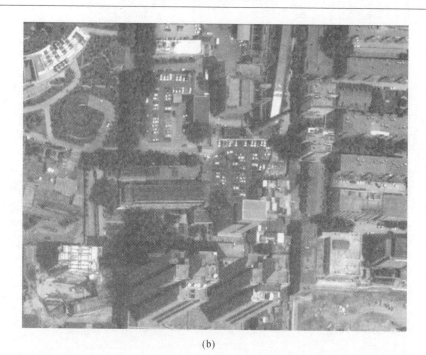

(b)

续图 9-50　立体停车场

　　图 9-51 为地下停车场出入口。地下停车场多位于居民住宅区、医院或商场等主体建筑下面,其出入盘道有断头路特征。

图 9-51　地下停车场出入口

　　图 9-52 为棚式停车场。大型地面停车场一般可以见到平行的停车标志线及停放的车辆。中东等发达地区还会有长条形的棚式停车场,棚顶颜色多为白色、米黄色及蓝色。

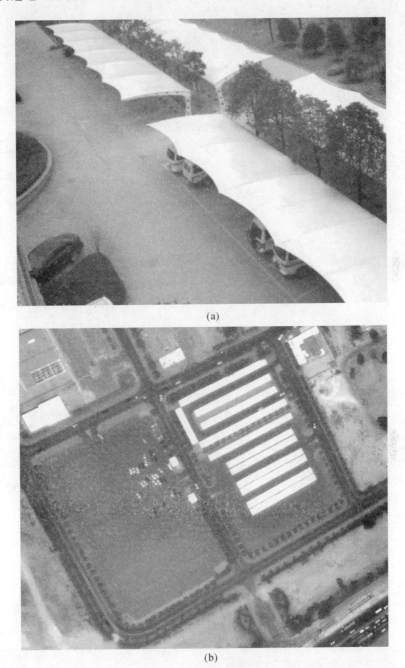

(a)

(b)

图 9-52　棚式停车场

　　图 9-53 为在建道路。在建道路又分为在建公路和在建铁路,可通过是否全封闭及路宽加以区分:公路弯曲多一些,高架桥采用双桥墩;铁路弯曲少一些,高架桥采用单桥墩。

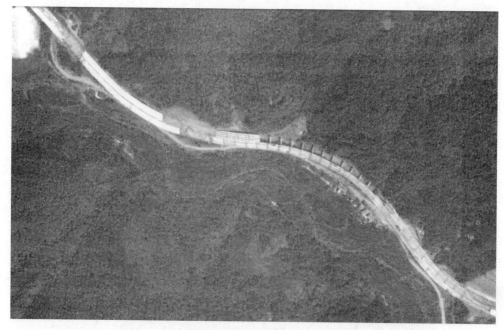

图 9-53　在建公路

9.4　重 要 工 厂

工厂的位置、组成和厂房建筑是工厂类型判读的主要依据。

影响工厂位置的因素主要有原料、动力(燃料或电力)、劳动力、市场、交通运输、土地、水源、政府政策等。如石油化工工业多选择在石油的产地,钢铁工业多靠近其销售地,有色冶金工业则多靠近能源供应量大的地方,而电子工业多接近高等教育与科技发达地区。

工厂的一般构成主要包括:仓库、基本车间、辅助车间、动力设备、运输设备以及其他设施。工厂的具体组成取决于工厂的生产性质,工厂的布局严格依据其生产流程。同类工厂的生产流程往往具有一定程度的普遍性。

厂房的大小与生产工艺有关,厂房的形状与通风采光有关,厂房的高度与生产性质有关。一般重工业工厂大多采用单层建筑,而大部分轻工业工厂,则往往采用多层建筑。

图 9-54 为汽车制造厂。汽车制造厂是一种规模较大的机械制造工厂,一般位于城郊,有便利的交通(铁路或公路专用线),有庞大的机械加工车间,有巨大的成品停车场,停车场上停有大量外形、颜色一致的汽车,在总装厂区有较大型的汽车试验场。汽车试验场多在地面上,个别的也有设在厂房屋顶上,其场地铺设有各种不同性质的道路,这些道路有的宽大平直,有的迂回曲折,有的是平坦的沥青或碎石路面,有的是颠簸不平的土质路面,甚至有的表面还长期积水。

图 9-55 为造船厂。造船厂分为船坞式和船台式,其主要识别特征有:其位置紧邻江河湖海,有尺寸不一的船坞和船台,可以看到棕褐色钢材堆放场,船体加工车间。有时岸边有舾装码头(有的在船台上舾装),有时可见正在建设中的船只。

图 9 - 54　汽车制造厂

图 9 - 55　造船厂

　　图 9 - 56 为炼油厂。天然石油炼厂是将原油转变成石油产品的工厂。这种工厂通常厂区面积较大,但厂房建筑不多,各种生产设备大多成露天布置。在石油炼厂全部设施中,最突出的是各种油罐,由于炼油厂的贮油量很大,产品种类繁多,所以不仅油罐的数量众多,而且形式多种多样。反映在图像上,这些大大小小的油罐,就成为识别天然石油炼厂的一个重要依据。

图 9-56 炼油厂

图 9-57 为水泥厂。其特有特征是：一般由原料区（有传输带或专用道路相连）、破碎车间（建筑较高）、联合储库、料浆池（圆形水池）、回转炉或立炉（塔式建筑）、水泥库（圆柱形）等组成，厂区多呈灰白色。

图 9-57 水泥厂

图9-58为钢铁厂。钢铁厂占地面积很大,建筑物形状复杂,种类繁多,整个工厂略显杂乱。厂内铁道线较多(或有专用码头),各主要生产车间一般都有管道连接。

图9-59为自来水厂。自来水厂一般位于自然界水资源比较丰富的地方,如河流的上游或水库,露天的自来水厂可见大量的长方形水池(沉淀池和滤池)。清水池顶部常用泥土覆盖,上面种植草皮,微微凸出地面,反映在图像上呈长方形,顶部有呈点状的通气孔。

图9-58 钢铁厂

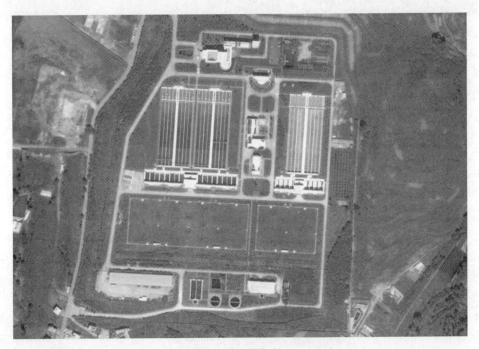

图9-59 自来水厂

图 9 - 60 为飞机制造厂。飞机制造厂一般背靠大城市,旁边有机场跑道,有较大的主装厂房,周围有许多部件车间及大厂房,无候机楼及飞机掩体。由于零部件需要通过运输,因此一般靠近港口或位于高等级铁路、公路旁。

图 9 - 60　飞机制造厂

9.5　供 电 设 施

图 9 - 61 为变电站。变电站是电力系统中变换电压、接受和分配电能、控制电力的流向和调整电压的电力设施。它通过其变压器将各级电压的电网联系起来,是输电和配电的集结点。变电站分为露天、室内和地下三种形式。露天变电所一般规模较大,位置较为偏僻,内部有大量面阵排列的线架和一字排列的间隔相等的黑色变压器,房屋较少且靠近大门。变电站四周常设有围墙或铁丝网,其外可见高压输电线塔。

图 9 - 62 为高压输电线路。高压输电线路通常可利用阴影特征依据大量线状分布的高压线塔进行识别。高压线塔的走向在平地多成直线,间隔距离相等,与道路相邻。在山区多位于山腰及鞍部,颜色一般为灰白色。高压输电线路经过林区通常需要为其开辟专门的防火带,在分辨率不高的图像上,防火带常成为该目标的重要识别特征。

图 9 - 63 为燃煤发电厂,附近可见运煤的船只及运煤河道。燃煤发电厂的典型特征是:有大面积的黑色煤堆(现多采用室内煤场)及明显的传输带,有高高的烟囱、有大型冷凝塔或进出水口、除尘设备和锅炉,有长条形的发电机房和变电所,交通运输方便。

(a)

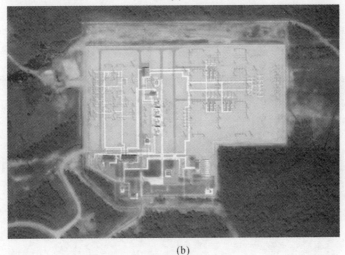

(b)

图 9 - 61 变电站

(a)

图 9 - 62 高压输电线路

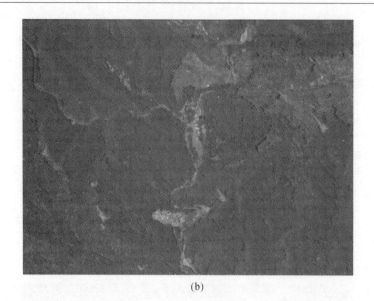

(b)

续图 9－62　高压输电线路

图 9－63　燃煤发电厂

　　图 9－64 为燃油发电厂。燃油发电厂的典型特征有：通常建在水边，附近有专用的油码头、输油管道和大量的油罐，其它设施如烟囱、大型冷凝塔或进出水口、锅炉、发电机房、变电所等与燃煤发电厂相似。

图 9-64　燃油发电厂

图 9-65 为核电厂。核电厂通常位置偏僻,远离居民区,地质条件较好,位于水源比较丰富的地方,有大型冷凝塔或进出水口,高高的圆柱形或正方形反应堆,接近正方形的发电机房,比其他火力发电厂更多的厂房(新燃料库、废物库等等)。

(a)

图 9-65　核电厂

(b)

续图 9-65　核电厂

图 9-66 为美国胡佛水电站。水电站一般依托水库大坝而建。大坝分为拱坝(单拱和多拱)和平坝,发动机组一般位于坝体内或坝后,有进出水口,变电所,溢洪道,有较好的公路连接。一般在大坝的上游有杂物拦阻索。其上游形成水库,有通航条件的,在大坝边上有船闸;兼有供水功能的大坝附近还会有自来水厂;兼有旅游功能的大坝会有码头。

(a)

图 9-66　美国胡佛水电站

(b)

续图 9-66　美国胡佛水电站

图 9-67 为由大量的风力电杆组成的风力发电厂。风力发电厂位于风力资源较为丰富的地方,如海边、山顶和空旷的平地。风力电杆成面状分布,间隔基本一致。其办公地点有维修设施,附近有变电所。

(a)

(b)

图 9-67　风力发电厂

图 9-68 为垃圾发电厂。垃圾发电厂是利用可燃废品焚烧产生热量的一种新型发电厂，分为焚烧发电和填埋气体发电二种，后者较少见。垃圾焚烧发电厂一般规模较小，由可燃废料场、烟囱、锅炉、发电机房、变电所等组成。

(a)

(b)

图 9-68　垃圾发电厂

图 9-69 为太阳能发电厂。太阳能发电厂是用太阳能来发电的工厂，通常利用光电转换装置或热效应来实现能量转换。新型的太阳能光热复合发电系统可通过特殊镜头把集聚的太阳光分离为可见光线和红外线，可见光线经过反射用于小型太阳能电池发电，红外线透过特殊镜头用于电热发电模块发电。太阳能发电厂一般位于偏僻、平整、空旷和日光充足的地方，大

面积的太阳能电池板是其主要的识别标志。

图 9-69 太阳能发电厂

图 9-70 为日本海水蓄能发电站。抽水蓄能发电是利用电力负荷低谷时的电能抽水到上库,在负荷高峰时放水至下库发电的水电站,一般分为纯抽水蓄能电站和混合式抽水蓄能电站。其主要特征是:有明显的上库和下库,上库为人工修建的大蓄水池,下库可为江河湖海的水面,二库较近,有大型管道相连。

图 9-70 日本海水蓄能发电站

参考文献

[1]   戴昌达,刘亮,姜小光. 从太空探测万里长城. 物理[J]. 2005,34(2):88-92

[2]   弗雷德里克. 遥感手册.(6分册)[M]. 张莉,等,译. 北京:国防工业出版社,1983.

[3]   胡著智,王慧麟,陈钦峦,等. 航天航空遥感技术与应用[M]. 南京:南京大学出版社,2007.

[4]   关泽群,刘继林. 遥感图像解译[M]. 武汉:武汉大学出版社,2007.

[5]   谷秀昌,付琨,仇晓兰. SAR图像判读解译基础[M]. 北京:科学出版社,2017.

[6]   王双亭,朱宝山. 遥感图像判绘[M]. 北京:解放军出版社,2011.

[7]   张晓军. 军事情报学[M]. 北京:军事科学出版社,2001.

[8]   雷厉,石星,吕泽均,等. 侦察与监视——作战空间的千里眼和顺风耳[M]. 北京:国防工业出版社,2008.

[9]   李小文,刘素红. 遥感原理与应用[M]. 北京:科学出版社. 2008.

[10]   尹占娥. 现代遥感导论[M]. 北京:科学出版社,2008.

[11]   张帅,刘秉琦,黄富瑜,等. 超大视场红外凝视成像技术及其应用浅析[J]. 激光与红外. 2016,46(10):1176-1181.

[12]   张婷婷,等. 遥感技术概论[M]. 郑州:黄河水利出版社,2011.